AF472523

OBSERVATIONS

SUR LES CAUSES

FAVORABLES A LA VÉGÉTATION

PREMIÈRE PARTIE

OBSERVATIONS

SUR LES CAUSES

FAVORABLES A LA VÉGÉTATION

DE TOUTES LES PLANTES

SANS LE SECOURS D'AUCUN ENGRAIS

SUR LES DIVERS

TRAVAUX DE CULTURE, ETC.

SUR

L'EXTINCTION DE LA MENDICITÉ, L'ABAISSEMENT DES DROITS PERÇUS

SUR LES VINS DE BASSE QUALITÉ, LE CIDRE ET LA BIÈRE

SUR L'EMPLOI DES MAUVAISES TERRES POUR LES CONSTRUCTIONS

OBSERVATIONS

CONTRE

LA MOBILITÉ DE LA TERRE

ET SUR SON IRRÉVOCABLE FIXITÉ

SUR LE SOLEIL ET SON ENTRETIEN

SUR

LA VÉGÉTATION DES PLANTES

LEURS SUCS NOURRISSANTS ET LES SUBSTANCES
DONT LE SANG EST COMPOSÉ

SUR

LA LUNE, LES PLANÈTES, LES ÉTOILES ET LES COMÈTES

Par CLAUDE-JOSEPH COCUELLE

Prix : 1 franc

CHEZ L'AUTEUR

A L'ÊTRE SUPRÊME.

Je te remercie, Dieu créateur, de m'avoir permis et aidé même à connaître quelques-uns des secrets dont tu t'es entouré lorsque tu créas la terre et les astres. Daigne permettre à d'autres mortels d'en connaître de nouveaux, utiles à l'espèce humaine, pour laquelle tu daignas tout créer.

Inspire à tous les peuples existants sur la terre, la ferme volonté de vivre intérieurement et extérieurement dans une véritable fraternité, évitant de se blâmer pour cause de leurs diverses croyances religieuses, que généralement chacun tient de ses père et mère, ou parents, pour implorer tes bontés et chanter tes louanges. Afin qu'un jour les habitants de la terre n'aient qu'une seule et même voix, pour te remercier de les avoir placés sur une terre de délices, tous égaux selon ta divine loi.

COCUELLE Aîné.

OBSERVATIONS

SUR

LES CAUSES NATURELLES DE LA VÉGÉTATION DE TOUTES LES PLANTES.

Il n'est aucun de MM. les cultivateurs qui ne sache que les terres extraites de l'intérieur du sol, ainsi que celles retirées des rivières et des mares d'eau, ne sont bonnes à être employées pour la culture qu'après avoir séjourné sur le sol pendant les chaleurs de l'été.

Mais ces messieurs ignorent que c'est par l'humidité dont elles sont nanties, qu'elles attirent intérieurement et absorbent les gaz conduisant la chaleur du soleil, et qu'à l'aide de la chaleur humide, elles attirent aussi les gaz composant l'air froid; qui les uns et les autres leur donnent des qualités pour qu'elles puissent servir d'un demi-engrais.

Ces messieurs croient même que ces terres n'obtiennent des qualités qu'autant qu'elles sont rendues à l'état de siccité ; mais elles reperdent, au contraire, toutes leurs qualités gazeuses, seules favorables à la végétation des plantes, en perdant leur humidité, laquelle par elle-même contient des gaz ; et, en outre, elle est la conductrice de ceux qui reçoivent la chaleur du soleil et de ceux que possède la terre près des racines des plantes qui les soutirent pour leur existence.

Ces messieurs savent aussi que l'on obtient un passable rapport des terres dites de triaux, en les labourant et en les ensemençant peu après les fortes pluies de dégel, et que dans les années pluvieuses ces terres rapportent autant que celles déjà cultivées, quoique n'ayant reçu aucun engrais, ce qui prouve que c'est à l'humidité et aux éléments de la nature que l'on doit cette production.

Dans les marais où le sol est recouvert de quelques centimètres d'eau, la végétation est bien plus forte que dans les terrains privés d'humidité. Cet avantage a lieu parce que l'humidité attire une grande quantité des gaz recevant la chaleur du soleil, et les terres par leur chaleur humide attirent une plus grande quantité des gaz composant l'air froid : les uns et les autres servant à la nourriture des plantes.

Dans les rivières les herbes croissent de cinq à six mètres en deux mois, quoique ayant leurs racines fixées dans un sol gréveux ou tourbeux. Cette production est encore due à l'humidité.

Dans les prairies voisines des étangs ou des ririères, la végétation est également plus favorable à cause de l'humidité du sol.

Dans les bois ou dans les vignes la végétation n'est favorable qu'en raison de l'humidité conservée à la terre par le feuillage des plantes.

MM. les cultivateurs, MM. les jardiniers et même un grand nombre de personnes, n'ignorent pas que si l'on n'arrose que le pied d'un arbuste, dans une caisse, cet arbuste ne profitera pas autant que si l'on arrosait tout le contenu de la caisse, lequel attirerait beaucoup plus de gaz recevant la chaleur du soleil, et à l'aide de la chaleur humide davantage de gaz composant l'air froid, servant tous à la nourriture des plantes.

Les terres argileuses produisent sans engrais parce qu'elles ont la propriété de se lier d'elles-mêmes, comme si elles étaient légèrement pétries, ce qui empêche l'air de les pénétrer et de les dessécher.

Cette même faveur existe envers les carreaux de terre que l'on emploie pour les bâtisses, dont la plupart sont faits avec des terres peu propres à la culture. Et, malgré ce désavantage, s'il s'en trouve qui soient placés de manière à recevoir alternativement l'humidité et la chaleur naturelle ou artificielle, ces matériaux absorbent une telle quantité des gaz composant l'air chaud et froid, qu'en les lessivant on obtient du salpêtre. Le léger pétrissage que subissent ces terres pour les former en carreaux devient favorable, dans cette circonstance, leur procurant la propriété liante que possèdent naturellement les terres argileuses.

Le lessivage ayant rendu ces terres aussi liantes que les terres argileuses, en les réexposant à la chaleur du soleil ou à toute autre, ainsi qu'à l'air, elles reprennent très-promptement de nouvelles propriétés de salpêtre. Ce fait prouve que ces causes sont dues aux éléments de la nature ; car on ne peut penser que ces terres possèdent en elles-mêmes des sucs en quantité suffisante pour toujours produire, les unes des récoltes sans engrais, les autres du salpêtre sans addition de nouvelles substances, et simplement par leur exposition à la chaleur et à l'air.

Pour s'assurer que c'est aux éléments de la nature plutôt qu'aux engrais que l'on doit les productions de la terre, il suffirait de placer dans une serre chaude, convenablement aérée, quelques portions de terre prises dans un terrain inculte, et, après les y avoir laissées pendant quinze jours environ, et les y avoir arrosées plusieurs fois, de semer quelques graines ou de repiquer quelques plantes. Elles produiraient sans engrais presque autant que celles employées ordinairement. Chaque fois que MM. les jardiniers font des couches, ils attendent de même plusieurs jours avant de les ensemencer, afin de donner le temps aux fumiers de développer leur chaleur, et de la communiquer aux terreaux humides, pour qu'ils puissent attirer les gaz composant l'air avec ceux que contiennent les terreaux pourvus d'humidité, et produire la végétation.

MM. les jardiniers savent que les plantes périraient dans les serres ou sous les cloches et les châssis, s'ils n'avaient pás la précaution de laisser pénétrer l'air pour que les gaz qui le composent servent, avec ceux que contiennent les terres, à la nourriture des plantes.

OBSERVATIONS

SUR

LE NOURRISSAGE DES ANIMAUX.

MM. les cultivateurs nourrissent deux classes d'animaux : la première, pour recueillir du lait et le livrer à la consommation, ou bien pour nourrir des veaux ; la seconde pour vendre ces animaux à MM. les marchands bouchers.

Pour nourrir une vache à profit, ces messieurs donnent chaque jour :

2 bottes de foin, au plus bas prix, 40 c.	0 fr.	80 c.
Pour son et menue paille............	»	45
2 bottes de fourrage non comptées pour valeur d'engrais........................	»	»
Total......	1	25

Il faut pour élever un veau au poids de 150 kilogrammes.......................

Le 1er mois le lait d'une vache	37 fr.	50 c.
Le 2me mois celui de deux vaches.....	75	»
Le 3me mois celui de trois vaches.....	112	50
Total......	225 fr.	»

Prix de revient, 1 fr. 50 c. le kilogramme ;

Prix de vente, 1 fr 62 le kilogramme ;

boni	18 fr	»
Un bœuf maigre acheté	300	»
auquel on donne 8 kilogrammes de grains cuits pendant 300 jours à 0 fr. 20 c. 3/5	495	»
Total	795 fr.	»
Prix de revente : 1 fr. 30 c. le kilogramme en supposant son poids de 500 kilogrammes, le montant s'en élèverait à	650 fr.	»
La perte s'élèverait à	145	»

Pour nourrir un bœuf ou une vache de la deuxième classe, ces messieurs donnent :

2 bottes de foin à 0 fr. 40 c.	0 fr.	80 c.
2 bottes de paille ou fourrage	»	40
Total	1 fr.	20 c.
Déduisant pour valeur des engrais	»	35
La dépense d'un jour est de	0	85
La dépense pour 365 jours de	310	25
Déduisant pour la mieux-value	80	»
La perte s'élève à	230	25

Ces animaux gagnent peu d'embonpoint, parce que les foins possèdent peu de qualités nourrissantes, et la paille aucune. Cette dernière n'est même mangée par animaux que lorsqu'ils sont poussés par la faim, et plus souvent elle leur sert de litière.

Pour éviter à ces messieurs des pertes aussi

considérables, convaincu que la cuisson augmente le suc des légumes, je leur proposerais de faire cuire à la vapeur des betteraves, des pommes de terre, des carottes, des navets, et de les mélanger avec des foins hachés ou avec des menues pailles provenant des foins, ou même avec des pailles hachées, sans désirer le même résultat qu'avec les foins ou les menues pailles en provenant.

Cette nourriture diminuerait beaucoup le temps que l'on emploie à les engraisser, ainsi que la dépense.

Pour achever d'engraisser les animaux, on ferait moudre de l'orge, et l'on mélangerait les farines avec de grossières fécules de pommes de terre pour en faire du pain.

Un hectolitre d'orge coûtant	13 fr.	30	farines, son	60 fr.
60 kilogrammes de pommes de terre....................	3	50	fécules.	60
Pour les moudre.........	1			»
Pour façon des fécules et panification..................	4		rendant plus de poids..	37
	21	80	pour...	157

Prix de revient 14 centimes le kilogramme, 8 kilogrammes de ce pain feraient une économie de 53 centimes sur les grains cuits; et pour dix mois employés à engraisser, 157 francs.

Ce pain mélangé avec des légumes cuits servirait à nourrir des moutons, et produirait une grande économie sur les grains employés à cet usage, une partie étant perdue dans le transport des gerbes, et une autre par les animaux. Malgré la forte dépense, MM. les marchands bouchers donnent la préférence à ceux de ces animaux qui ont été nourris avec des marcs de betterave provenant des sucreries, bien inférieurs à ce pain et aux légumes cuits en leur entier.

Ce pain servirait à nourrir des porcs.

Un de ces animaux consomme chaque jour :

4 kilogrammes d'orge moulue, à 0 fr. 20 c. ; pendant 180 jours.............	144 fr.	»
4 kilogrammes de ce pain à 0 fr. 14 c. ; pendant 180 jours......................	97	20
Présentant une économie de..........	46	80

Bien souvent il reste dans leur auge des farines qui s'acidifient, qui les dégoûtent du manger et leur font perdre un peu de leur embonpoint.

J'ai vu, ainsi que beaucoup de personnes, des porcs nourris avec des croûtes de pain provenant des pensionnats gagner plus vite l'embonpoint qu'avec des farines d'orge.

Ce pain servirait aussi à nourrir une grande quantité de volailles de toute espèce, présenterait une grande économie et viendrait en aide à réaliser le souhait d'un grand roi, lequel désirait que chaque ouvrier pût, le dimanche, mettre la poule au pot.

Ce pain remplacerait l'avoine que l'on donne aux chevaux.

Cette dernière étant toujours d'un prix fort élevé et ne possédant que 250 à 265 grammes par litre de substances nourrissantes :

Par jour : 16 litres d'avoine à 0 fr. 10 c.	1	60 c.
4 kilogrammes de ce pain à 0 fr. 14 c.	0	56
Par jour : économie................	1	04

Un cheval donna la préférence à ce pain sur l'avoine présentée en même temps.

Extrayant 20 kilogrammes de son des farines d'orge.

Il resterait..................	40 kilogrammes.
Extrayant 20 kilogrammes de pelures des fécules, il resterait......	40
La panification rendrait en bon poids.........................	27
Total.....	107

De 21 fr. 80 c, déduisant 2 francs pour les sons, il resterait 19 fr. 80 c. pour 107 kilogrammes. Le prix de revient est de 18 centimes 1/2 l'un. Ce pain pourrait servir à nourrir les chevaux de luxe, comme à finir d'engraisser les animaux.

La mie de ce pain, bien détrempée avec des légumes cuits, pourrait servir à élever une grande quantité de veaux livrés à la consommation dès l'âge de six, huit ou dix jours d'existence, ne pesant que de 30 à 40 kilogrammes. On éviterait la mise en vente de ces viandes peu saines, et l'on pourrait vendre le lait pareillement.

L'année 1868, l'avoine coûtant 0 fr 15 le litre, 16 litres font....................	2 fr.	40 c.
L'année 1868, le pain coûtant 0 fr. 28 c. 1/2 le kilogramme ; 4 kilogrammes font..	1	26
Économie...........	1	14

Les sons seraient beaucoup plus nourrissants réduits en pain avec de grossières fécules de pommes de terre.

OBSERVATIONS

EN

FAVEUR DE L'EMPLOI DES TERRES EN VERSAINES.

Pour récolter une assez grande quantité de légumes qui deviendraient nécessaires à la nourriture des animaux, sans diminuer la quantité des terres que MM. les cultivateurs réservent aux productions des céréales, ainsi que des autres plantes qu'ils cultivent, ces messieurs emploiraient à cet usage toutes celles qu'ils laissent en versaines, formant le quart environ de toutes celles qu'il emploient. Ces terres, tout en produisant des légumes, gagneraient davantage en qualités qu'en restant sans labours huit mois de l'année; pendant ce temps, les herbes, qui ont pris naissance dans les avoines, continuant de croître détruisent les sucs que la terre possède, ainsi que ceux que les éléments de la nature y apportent journellement, et le faible produit de dix bottes d'herbes environ que fait chaque hectare de ces terres, servant à la nourriture des moutons, ne peut compenser la perte qu'elles éprouvent par l'absence des labours.

MM. les cultivateurs commettent une grande erreur en croyant que les terres obtiennent des qualités par un long repos, sachant la quantité considérable de celles qui sont restées incultes depuis un temps immémorial sans en avoir obtenu.

Ce n'est que par les deux labours que les terres reçoivent avant d'être ensemencées quelles obtiennent, des éléments de la nature, des qualités propres à la végétation des plantes. Et si le dernier labour se trouve donné par un temps sec où la terre est en état de siccité, la récolte sera peu favorable, malgré l'emploi d'une forte quantité d'engrais.

C'est en labourant les terres humides à la superficie que l'humidité attire intérieurement les gaz recevant la chaleur du soleil, et les terres chaudes et humides attirent ensuite les gaz composant l'air froid, lesquels aident les uns et les autres à produire la végétation.

Dépenses et produits, pendant sept années, pour un hectare de terre estimé 1,000 francs cultivé selon la coutume suivie par la plus grand partie de MM. les cultivateurs, en faisant versaines.

1re Année. En versaines, pour intérêts.......	50 fr.
2me Année. En froment, pour intérêts........	50
pour engrais................	500
pour semences.............	70
1er labour 36 fr., 2me labour et semis 48 francs................	84
Total.........	754
Récolte en froment............	600
Déficit......................	154
Total.........	754
3me Année. En lentilles et seigle, pour intérêts.	50
pour semences.............	60
pour labours et semis........	45
Total.........	155
Récolte en lentilles; 300 francs boni......................	145
Total.........	300
4me Année. En avoine, pour intérêts.........	50
pour semences...............	31
1er labour 36 fr., 2me labour et semis 48 francs.	84
Total.........	165
Récolte en avoine 200 francs; boni.	35
Total.........	200
5me Année. En versaines, pour intérêts......	50
6me Année. En seigle, pour intérêts.........	50
pour semences.............	60

1er labour 36 francs, 2me labour et semis 48 francs..........	84
Total.........	244
Récolte en seigle 300 francs; boni.	56
Total.........	300
7me Année. En avoine pour intérêts.........	50
pour semences..............	31
1er labour 36 francs; 2me labour et semis 48 francs...........	84
Total.........	165
2me récolte en avoine 180 francs; boni......................	15
Total.........	180 fr.

RÉCAPITULATION

PRODUIT.

2me Année.	En froment...	600 fr.	1580 fr.
3me Année.	En lentilles...	300	
4me Année.	En avoine....	200	
6me Année.	En seigle.....	300	
7me Année.	En avoines....	180	

DÉPENSES

Pour intérêts..........	350	1580 fr.
Pour engrais...........	500	
Pour semences.........	252	
Pour labours et semis....	331	
Balance favorable.......	147	

Cette terre se trouve épuisée et ne peut rapporter de nouveau sans faire versaine, pour lui donner deux ou trois labours et recevoir un engrais.

Ce faible résultat fait voir que MM. les propriétaires de terres ne vivent que du produit de leur travail, et non d'un fort revenu de leurs terres :

Les labours et semis, la moisson des grains et leur battage et celle des foins étant faits par eux.

Dépenses et produits d'un hectare de terre de même valeur que la précédente pendant le même nombre d'années, rapportant tous les ans des légumes ou des graines.

1re Année.	En pommes de terre, pour intérêts............	50 fr.	» c.
	pour engrais........	100	
	150 décalitres à 45 c. pour semences...........	67	50
	pour labour.........	36	»
	pour sarclage.......	36	»
	pour plantation......	20	»
	pour récolter........	60	»
	Total......	369 fr.	50 c.
	Récolte de 160 sacs de 15 décalitres à 45 c. l'un, ou 6 fr. 75 c. le sac 1,180 fr. Boni....	710	50 c.

	En froment pour intérêts.	50		»
	pour engrais........	350		»
	pour soins aux engrais...............	25		»
	pour semences......	70		»
	1er labour 36 fr. 2e labour et semis 48 fr........	84		»
	Total......	579	fr.	50 c.
	Récolte en froment 600 fr.			
	Boni...............	21		»
2e Année.	En navets pour semences.	3		»
	pour récoltes........	50		»
	Total.....	53	fr.	»
	Récolte en navets 200 fr.			
	Boni...............	147		»
	En haricots pour intérêts.	50		»
	pour engrais........	100		»
	pour semences.......	40		»
	Pour relever des lignes de terre, pour qu'elles acquièrent qualité d'engrais..........	50		»
	Pour labour entre les lignes de terre.......	36		»
	Pour les semer, et récolter..............	60		»
	Total......	336	fr.	»
	Récolte en haricots, 500 fr.			
	Boni...............	164		»
	Total.....	500	fr.	»

4e Année. Empouillée en méteil, pour intérêts.............	50	»
Pour rétendre les terres élevées sur le sol.....	50	»
pour semences......	65	»
1er labour 36 fr. 2e labour et semis 48 fr.......	84	»
Total.....	240 fr.	»
Récolte en méteil 500 fr. Boni...............	251 fr.	»
Total....	500 fr.	»
5e Année. En betteraves, pour intérêts................	50	»
pour engrais........	300	»
pour soins aux engrais.	25	»
pour semences......	20	»
1er labour 36 fr. 2e labour 48 fr. et semis......	84	»
pour sarclage.......	72	»
pour récolter........	60	»
Total....	611 fr.	»
Récolte 60,000 kilos environ à 20 fr. les 1,000 kilos, ensemble la somme de 1,200 fr. Boni..............	589	»
Total......	1,200 fr.	»
6e Année. En orges et en prairie, pour intérêts........	50 fr.	»
pour engrais........	300	»
pour soins auxdits engrais...............	25	»

	Orges pour semences....	40	»
	Prairie pour semences...	20	»
	1er labour 36 fr. 2e labour et semis 48 fr........	84	»
	Total......	523 fr.	»
	Récolte en orge 600 fr. Boni...............	77	»
	Total.....	600 fr.	»
7e Année.	Récolte en prairie 360 fr. Boni...............	310 fr.	»
	En prairie artificielle, pour intérêts.............	50	»
	Récapitulation..........	360 fr.	»

PRODUITS.

Récoltes en diverses sortes de grains...........	1,700	»
Récoltes en diverses sortes de légumes..........	2,980	»
Récoltes en foins........	360	»
Total.....	5,040 fr.	»

DÉPENSES.

Pour intérêts..	350 fr.	» c.	5,040 fr. »
» engrais..	1,150	»	
» frais d'ouvriers..	450	»	
» semences.	325	50	
» labours et semis..	448	»	
» Balance favorable.....	2,316 fr.	50 c.	

Un résultat aussi satisfaisant ne peut laisser aucun doute à MM. les cultivateurs, que l'emploi des terres en versaines pour la production des légumes loin de nuire, leurs donne la facilité, à cause des distances entre les plantes, d'attirer et d'absorber les gaz recevant la chaleur du soleil, et ensuite ceux composant l'air froid, qui donnent aux terres des qualités qui viennent en aide à la végétation des récoltes suivantes, en grains, ou toute autre.

Et cette terre loin d'être épuisée comme la première, rapporterait encore pendant :

Les trois premières années, en foins......	900 fr.
La 4e, en froment......................	600
La 5e, en avoines......................	200
Total................	1,770 fr.

DÉPENSES.

Pour intérêts des cinq années.	250 fr.	1,700 fr.
» semences en froment ..	70	
» » en avoines....	35	
» labours et semis.......	144	
Balance favorable..........	201	

L'avoine détruisant les sucs de la terre plus que tout autre grain on pourrait la remplacer favorablement par un légume.

OBSERVATIONS

SUR

LES ENGRAIS PRODUITS PAR LES ANIMAUX, DIVISÉS EN DEUX CLASSES.

La première, composée des plus compactes, formant le tiers du volume de tous, ceux employés par chacun de MM. les cultivateurs, estimés, en raison de leurs qualités, moitié de la valeur de la totalité ;

Conduits et étendus sur le sol où ils restent exposés à l'air sec et au soleil plusieurs jours au moins, et quelquefois plusieurs semaines, où ils perdent la plus grande partie des qualités qu'ils avaient acquises dans leur fermentation, se trouvent réduits à moitié de leur valeur ou au quart de la totalité.

La seconde classe, composée d'une très-grande quantité de paille non consommée, dont le volume est deux fois aussi considérable que les premiers et ne valant que moitié de la totalité ;

Conduits et étendus pareillement sur le sol

avant d'être enterrés, ils perdent par la dessication toutes leurs qualités, et le peu de matières compactes que ces engrais recèlent, ne peuvent compenser la perte que les terres éprouvent par les pailles desséchées qui se trouvent enterrées avec les grains. Elles laissent pénétrer l'air qui les dessèche et les empêche de pouvoir attirer les gaz recevant la chaleur du soleil, et ensuite ceux composant l'air froid, qui serviraient pareillement à la nourriture des plantes.

MM. les cultivateurs économisant 25 francs environ par chaque hectare de terre dans lesquelles ils mettent des engrais, pour les frais d'ouvriers qui seraient occupés à les disséminer, étendre et enterrer immédiatement, éprouvent une perte vingt fois plus considérable qui les empêche de retirer de leurs terres un meilleur revenu, et de pouvoir livrer aux consommateurs, les produits à meilleur marché.

Cette coutume suivie par six millions deux cent quatre-vingt-douze mille trois cent-cinquante-neuf propriétaires ou fermiers cultivateurs, répandus dans toute l'étendue de la France, ne peut me convaincre que les engrais composés de grandes pailles, mis ensuite en état de siccité, puissent fournir aux terres quelques qualités favorables à la végétation des plantes.

MM. les jardiniers n'exposent jamais plus d'une heure à l'air sec ou au soleil les engrais qu'ils emploient, dans la crainte de la déperdition de leurs qualités.

MM. les cultivateurs préfèrent faire usage de poudrettes pour engrais aux matières desquelles on les obtient :

Cependant ces poudrettes ont perdu par la dessication les neuf dixièmes des qualités gazeuses que possédaient les matières avant l'opération. Pourquoi les payer plus cher lorsqu'elles valent moins pour la végétation des plantes?

Ceux de MM. les cultivateurs, qui ne demeurent par très-éloigné des villes qui désireraient se procurer ces engrais, pourraient envoyer leurs voituriers sur les lieux de leur extraction, afin d'éviter les frais d'un double charroi et même aussi les falsifications que subissent la plus grande partie de ces matières, en état d'humidité ou desséchées.

Ces messieurs emploient aussi pour engrais des chiffons de laine teinte. Ces chiffons ont, dans l'opération de teinture, absorbé une grande quantité des gaz composant l'air, à l'aide de la forte chaleur qu'ils obtiennent en passant alternativement dans les bains de teinture et ensuite à l'air.

Mais les gaz s'unissant aux bains de teinture, ces chiffons n'ont que le faible avantage de conserver un peu d'humidité à la terre, et deviennent beaucoup trop dispendieux.

MM. les cultivateurs font encore conduire et semer sur leurs prairies artificielles des cendres sulfureuses, du plâtre ou de la chaux. Mais ils attendent, pour faire cette opération, que les fortes pluies de dégel soient passées, et que les terres soient raffermies pour pouvoir exécuter leurs charrois. Cette dépense devient presque inutile, parce qu'il n'y a que les rosées qui détrempent ces matières, et l'air sec enlève les gaz qu'elles possèdent à l'aide de l'humidité et de la chaleur.

MM. les cultivateurs ignorant la déperdition des engrais, et croyant qu'il faudrait au moins trois engrais pour mettre les terres labourables délaissées au rang de celles cultivées, les abandonnent dans la crainte de ruine.

Si l'on voulait augmenter le volume et diminuer le prix des engrais, on étendrait sur les fumiers, ayant de 30 à 50 centimètres d'épaisseur, une couche de fine terre de 15 à 20 centimètres de hauteur que l'on arroserait avec le purin des fumiers. Ces terres, par leur humidité et la chaleur qu'elles recevraient des fumiers, attireraient une quantité considérable des gaz composant l'air, qui leur donneraient assez de qualités pour servir d'engrais.

Souvent même les engrais n'obtiennent des qualités que des gaz composant l'air, et très-peu de la décomposition des urines, très-souvent absorbées par l'air sec, ou détruites par les eaux pluviales, MM. les cultivateurs attachant peu d'importance à la conservation des urines et du purin pour engrais.

OBSERVATIONS

SUR

L'EMPLOI DES TERRES LABOURABLES DÉLAISSÉES ET INCULTES.

On pourrait utiliser les terres labourables et incultes en profitant des moments où elles possèdent, après les pluies, le plus d'humidité possible, pour leur donner chacun des deux ou trois labours nécessaires avant de les ensemencer, ayant la précaution de faire passer le rouleau après chaque labour, afin de reserrer les terres pour empêcher l'air de les pénétrer et de les dessécher.

Aussitôt le dernier labour donné, on ferait conduire les engrais que l'on aurait fait disséminer à l'avance à l'ombre de quelques paillassons ou autres abris, afin de pouvoir les étendre promptement. Semer les grains et les enterrer immédiatement et faire passer les moutons pour donner un léger pétrissage à ces terres encore humides, ce qui leur donnerait du liant, et les rouler sans ancun retard pour qu'elles puissent conserver l'humidité plus longtemps.

Pour diminuer la dépense des engrais, on pourrait faire élever dans quelques pièces de terre des lignes de terre de 1 mètre de largeur sur 1 mètre d'épaisseur.

Ces terres seraient prises sur la superficie, et l'on placerait les premières lignes à 7 mètres et demi de chacune des rives et les autres à 15 mètres d'écartement, choisissant pour faire cette opération la saison des pluies, soit les mois de novembre et décembre, ou bien après les fortes pluies de dégel.

On les laisserait jusqu'au moment de semer les grains afin qu'elles fassent une ample provision des gaz recevant la chaleur du soleil, lesquels leur donneraient des qualités pour servir d'un demi-engrais.

Elles attireraient et absorberaient davantage de ces gaz, si elles étaient arrosées une ou plusieurs fois pendant les temps secs.

Entre chacune des lignes de terre élevées on pourrait donner un labour, et planter avec un peu d'engrais des pommes de terre, ou semer des haricots ou des pois. Ces légumes, à cause de leur distance, n'occupant que le quart de la superficie, laissent aux trois autres quarts cultivés et tassés par la marche des ouvriers, la facilité de faire provision des gaz composant l'air, qui arriveraient à produire la récolte suivante.

Il ne faudrait faire étendre les terres élevées sur le sol, qu'au moment d'exécuter les semis, sur une épaisseur de 5 à 6 centimètres environ, afin de ne pas les laisser dessécher par l'air sec et le soleil.

On reconnaît, par la souffrance qu'éprouvent les plantes dans le moment des sécheresses, la perte que font les terres et les engrais de tous les gaz qu'ils possèdent : notamment les sulfuriques, les carboniques et de salpêtre. C'est même à cette cause que l'on doit les orages, les fortes détonations que l'on entend dans ces instants n'étant produites que par une quantité considérable des différents gaz attirés de toutes parts par l'humidité, provenant d'une rosée ou d'une petite pluie, formant des nuages qui, étant échauffés par le soleil, obtiennent la concentration nécessaire pour pouvoir s'enflammer.

Lorsque ces réunions de gaz sont peu volumineuses ou légèrement concentrées, elles ne produisent que des éclairs sans détonation, comme il arrive quelquefois au commencement d'un orage ou certains soirs, après des journées de fortes chaleurs.

Souvent aussi, on entend dans le même moment plusieurs détonations successives. Elles n'ont lieu que par les enflammations de ces réunions de gaz l'une par l'autre : la première enflammant la seconde, celle-ci la troisième, ainsi des autres.

Il serait imprudent dans ces moments, si l'on se trouvait dans les champs, de se placer derrière un gros arbre ou une meule de blé ou de foin, ou de paille, ou de tout autre abri, dans la crainte que la plus basse de ces réunions de gaz enflammés, formant l'éclair, ne se trouvant très-rapprochée de la terre, n'occasionne des sinistres, en détruisant les gaz concentrés et inflammables restés à l'abri des courants d'air, derrière les gros arbres ou tout autre abri.

Il serait encore dangereux d'être placé entre deux grandes portes ou croisées formant un courant d'air, dans la crainte que la flamme attirée puisse nuire aux personnes qui se trouveraient sur son passage.

L'éclair peut également nuire aux personnes qui, dans ces moments, courent à cheval, en voiture ou même à pied, en détruisant les gaz inflammables qui se trouvent à l'abri du courant de l'air derrière les personnes.

Toutefois ces accidents ne sont à craindre qu'au moment de la première pluie. L'humidité refroidissant l'air, les gaz se trouvent attirés avec une vitesse électrique par la chaleur que la terre a conservée, jointe à l'humidité provenant de la pluie, laquelle, continuant, refroidit la terre et fait cesser tout danger.

Les rosées indiquent cette circonstance n'ayant lieu que lorsque les terres possèdent l'humidité à leur superficie, et qu'elles ont reçu un peu de chaleur dans le jour. Les gaz, attirés par la chaleur humide, pénètrent intérieurement et déposent sur le sol et les plantes l'humidité qu'ils tenaient en suspension. Elles sont d'autant plus fortes que les terres possèdent une plus grande humidité, à l'aide de laquelle elles obtiennent plus de chaleur. Voilà pourquoi dans les pays chauds les rosées sont beaucoup plus fortes et plus fréquentes.

Elles cessent dans ces pays comme dans le nôtre lorsque les terres ne sont plus humides à leur superficie, ce qui provoque la maturation des grains, qu'ils aient acquis ou non leur grosseur.

Après l'orage, l'eau que les gaz possédaient avant leur destruction, tombe et vient rendre aux plantes la végétation dont elles étaient privées, et l'air, débarrassé des gaz imbus à l'excès de substances sulfuriques, carboniques et de salpêtre, devient pour nous beaucoup plus favorable.

Ces détails devront prévenir MM. les ouvriers cultivateurs, plus exposés que tous autres, des dangers auxquels ils s'exposent, lorsqu'ils se mettent à l'abri de la première pluie dans un orage, moment le plus dangereux.

Ils pourront détruire, j'ose le croire, l'extrême frayeur qu'éprouve une infinité de personnes dans les moments d'orage, soupçonnant la cause qui les produit mille fois plus dangereuse et meurtrière qu'elle ne l'est.

Et même encore, ils pourront prévenir MM. les cultivateurs de la perte qu'éprouvent les terres et les engrais de leurs qualités gazeuses et liantes, toutes deux favorables à la végétation des plantes, lorsqu'ils sont exposés à la chaleur du soleil et à l'air sec.

Toutes les terres abandonnées sans culture étant labourées rapporteraient une immense quantité de grains de toute espèce ainsi que des légumes, et beaucoup d'autres plantes qui serviraient à nourrir une quantité considérable de bestiaux ; ce qui en ferait diminuer les prix. Et les animaux procureraient une très-grande quantité d'engrais qui deviendraient utiles à la production des plantes.

OBSERVATIONS

SUR

LES SEMIS ET PLANTATIONS.

MM. les cultivateurs ne portent nullement leur attention sur le plus ou le moins d'humidité que possèdent les terres, au moment d'exécuter leurs semis, et ne les effectuent souvent que huit ou quinze jours après avoir donné le dernier labour, enterrant les grains avec des terres et des engrais en état de siccité.

Sans humidité les grains ne peuvent germer, et les terres labourées sans humidité à leur superficie ne peuvent attirer intérieurement les gaz conduisant la chaleur du soleil, ainsi que les gaz composant l'air froid, servant les uns et les autres à la nourriture des plantes, ce qui fait perdre à ces messieurs une partie de leurs récoltes.

Un assez grand nombre des MM. les cultivateurs attendent bien souvent la dernière quinzaine de novembre pour semer leurs froments. A cette époque il pleut souvent, les terres et les engrais ne subissent pas la dessication, tous les grains semés lèvent, sont verts, et cela prouve que l'humidité leur est nécessaire.

Mais aussi ces grains semés trop tardivement ne peuvent produire autant de montants ou d'épis, que ceux semés un mois ou six semaines plus tôt. Ces messieurs croient parer à cet inconvénient en semant dans leurs champs un cinquième et même un quart plus de grain, ce qui les oblige à faire passer les moutons dans le courant d'avril pour manger les montants les plus avancés afin de laisser croître les autres et former le paumage.

Une partie de ces nouveaux montants, si tendres à cause de leur pousse tardive, ne pouvant se soutenir debout, à la moindre pluie et au moindre vent, se couchent pour ne plus se relever, ne produisant que peu de grains et de la mauvaise paille.

Une autre partie reste debout sans produire aucun grain, les paumes étant presque toutes fausses.

MM. les cultivateurs attribuent ces deux causes à une forte sécheresse survenue promptement après la pluie, ou même à une trop grande qualité de leurs terres.

Il est aisé de reconnaître qu'il n'en est pas ainsi, car plusieurs de MM. les cultivateurs et beaucoup d'autres personnes ont vu récolter, dans des terres occupées précédemment au jardinage ou dans des vignes arrachées, trois ou quatre fois de suite de bons froments sans verser et sans besoin d'engrais.

Il est facile de comprendre que les grains semés un mois ou six semaines plus tard qu'ils ne devraient l'être ne peuvent acquérir, faute du temps nécessaire, la nourriture et la force pour, en peu de temps, grandir, former le paumage, nourrir les grains et se soutenir debout ; de même qu'en semant dans un champ un cinquième et même un quart plus de grains qu'il n'en faut, il ne reste aucun intervalle entre les plantes pour laisser pénétrer à leur pied les gaz conduisant la chaleur du soleil et ceux composant l'air froid, ce qui les prive de recevoir leur nourriture des éléments de la nature.

Ces semis rapportant moins de grains, et très-maigres, MM. les cultivateurs les mélangent avec les bons, et obligent de les acheter au poids plutôt qu'à la mesure. Et encore se trouve-t-on trompé, ces grains rapportant moins de farine et de moindre qualité que ceux semés en temps utile.

Toutes les plantes exigent d'être écartées les unes des autres en raison de leur développement en racines, et de leur étendue au-dessus de la terre. Les arbres n'en sont pas exempts ; trop rapprochés les uns des autres, on les voit languir, et on en a la preuve si l'on porte les yeux sur tous les clos ou vergers dans lesquels les arbres sont plantés si peu éloignés les uns des autres que, lorsqu'ils sont feuillés, l'air ni le soleil ne peuvent pénétrer jusqu'à terre, ce qui les prive de recevoir des éléments de la nature la nourriture nécessaire pour leur végétation.

Aussi est-il très-rare d'y rencontrer un beau sujet, et leurs fruits ne sont ni beaux ni de bonne qualité.

Les herbes qui croissent sous ces arbres ne possèdent même que peu de qualités nourrissantes, et sont peu bonnes pour nourrir les animaux.

A la saison d'exécuter les semis, s'il existait de longues sécheresses, on pourrait faire rouler une ou plusieurs terres pour les tasser afin qu'elles puissent conserver leur humidité plus longtemps, faire exècuter un bon arrosement, semer les grains aussitôt et faire passer les moutons si on le peut, les rouler sans retard.

Cet arrosement remplacerait un engrais tels

que la plupart de MM. les cultivateurs les emploient, et coûterait dix fois moins.

Les terres étant nanties d'humidité attireraient une très-grande quantité des gaz composant l'air chaud et froid, qui, dans ces moments, possèdent une forte quantité de salpêtre très-favorable à la végétation des plantes, et elles produiraient de très-bonnes récoltes.

OBSERVATIONS

SUR

LES RÉCOLTES.

Un grand nombre de **MM**. les cultivateurs ayant adopté l'usage de faire faucher les foins par la pluie, espérant les faire rentrer par le beau temps, se trouvent souvent trompés dans leur attente. Lorsque les pluies durent plus longtemps qu'ils ne l'espéraient, leurs foins sont tellement gâtés qu'ils occasionnent à leurs bestiaux des maladies parfois mortelles, qu'ils attribuent à d'autres causes.

Il serait plus convenable de choisir les jours de beau temps pour les faire faucher, et les faire étendre immédiatement, pour les faner, et, s'ils ne l'étaient pas suffisamment le jour même, les faire amasser par petites parties que l'on étendrait le lendemain, après la rosée détruite, pour laisser pénétrer dans leur intérieur les gaz conduisant la chaleur du soleil, qui leur donneraient encore des qualités et permettraient de faire les monceaux de la grosseur habituelle le second jour.

Les foins, qui reçoivent la rosée ou la pluie plusieurs fois, perdent par la dessication réitérée une partie et quelquefois même la totalité des sucs qu'ils possèdent dant le haut de la plante.

Ils perdent également une partie de leurs sucs, lorsqu'ils restent exposés longtemps à l'air sec ou au soleil.

Beaucoup de MM. les cultivateurs font faucher les avoines au repart et les laissent recevoir la pluie plusieurs fois avant de les faire rentrer, les pluies ayant rempli de terre les paumes, ainsi que les pailles de ces avoines, et, malgré le soin que l'on apporte au criblage, il en reste toujours qui nuit aux animaux qui mangent ces grains.

Ces messieurs disent avoir adopté cette coutume pour économiser le liage des gerbes, et aussi parce que les animaux mangent plus volontiers les fourrages de ces avoines que ceux qui n'ont pas, comme eux, subi un commencement de détérioration.

Si ces messieurs réfléchissaient que les pailles des grains moissonnés par un temps sec ne possèdent aucun suc, ils ne pourraient prétendre que celles qui sont légèrement pourries soient nourrissantes, et si les animaux détruisent ces pailles plus complétement, c'est pour manger les paumes qui se trouvent mélangées avec.

Ayant vu récolter un champ de pommes de

terre, dont les plus grosses égalaient une forte noix, cela fixa mon attention et me fit souvenir que j'avais vu donner le labour de sarclage par un temps extrêmement sec, où la terre pouvait être en état de siccité à une profondeur de 10 à 15 centimètres environ, et, doublé ensuite par les talus que forment le tracé des sillons, cela empêcha l'eau des pluies de pénétrer jusqu'aux racines des plantes qui n'avaient pu recevoir la chaleur du soleil ni leur nourriture des éléments de la nature.

MM. les cultivateurs renouvelant cette expérience, en traçant quelques sillons par un temps sec, et le reste le lendemain d'une pluie, le résultat leur ferait connaître que plus les terres sont humides à leur superficie, au moment du labour, plus elles attirent intérieurement les gaz conduisant la chaleur du soleil, et ensuite les gaz composant l'air froid, qui sont les uns et les autres la nourriture des plantes.

Les terres dites de triaux, celles occupées en prairies artificielles, celles dans lesquelles on a pratiqué des chemins, à cause du mauvais état des routes qui les avoisinent, nous démontrent cette circonstance. Tassées par les pluies, la marche des hommes et par les animaux, elles ne peuvent être labourées et ensemencées que le lendemain d'une forte pluie. Et, sans engrais, elles produisent d'assez bonnes récoltes que l'on attribue au repos qu'elles ont eu, mais que l'on doit au pétrissage que les terres ont subi, lequel leur a donné du liant pour empêcher l'air de les pénétrer et de détruire très-promptement l'humidité qu'elles possédaient au moment du labour, en même temps qu'elles acquièrent une concentration de chaleur qui leur fait absorber une très-grande quantité des gaz composant l'air, ce qui les rapproche des terres argileuses qui se serrent d'elles-mêmes, comme si elles avaient été légèrement pétries.

Et ceci fait connaître que MM. les cultivateurs pourraient éviter la dépense de faire conduire à grands frais sur leurs terres, des terres marneuses qui n'ont que le faible avantage de leur donner un peu de liant.

MM. les jardiniers tassent du poids de leur corps les terres qu'ils viennent d'ensemencer, afin qu'elles puissent conserver l'humidité qu'elles reçoivent des arrosements ou des pluies, plus longtemps, et à l'aide de laquelle elles attirent les gaz recevant la chaleur du soleil, et ensuite ceux composant l'air froid qui servent, les uns et les autres, à la nourriture des plantes.

OBSERVATIONS

EN

FAVEUR DU PROMPT EMPLOI DE TOUTES LES TERRES INCULTES.

On obtiendrait dans une très-court délai l'emploi de toutes les terres labourables délaissées sans culture, si plusieurs sociétés, autorisées du gouvernement, se formaient, au moyen d'actions, pour l'exploitation de toutes ces terres.

Le prix des actions étant fixé à 50 francs l'une, les ouvriers les plus aisés, retardant la possession de quelques objets non trop pressant à leurs besoins, pourraient y prendre part, ce qui changerait notablement leur position et aiderait un très-grand nombre d'autres ouvriers à se procurer de l'ouvrage.

Par le grand nombre, ces faibles sommes deviendraient importantes et seraient considérablement augmentées par un bien plus grand nombre d'actions que prendraient les personnes riches ou dans l'aisance.

L'augmentation de valeur qu'acquerraient ces terres étant cultivées, jointe à l'avantage résultant de leur exploitation, ne laisse aucun doute sur la réalisation des bénéfices.

Cette certitude est même acquise en réfléchissant que des terres, valant moins que la généralité de toutes celles restées incultes, mais peu éloignées des habitations, étant cultivées n'en rapportent pas moins de bons grains.

OBSERVATIONS

SUR

LES CAUSES DE LA MISERE D'UNE PARTIE DE LA CLASSE OUVRIÈRE.

Le service signalé que rendrait à la société l'emploi de 4,000,000 environ d'hectares de terre labourables, restées incultes jusqu'à ce jour par les produits de toute espèce qui serviraient à l'usage des habitants, rendrait encore un bien éminent en créant de l'occupation pour environ 2,000,000 de personnes occupées à tous les travaux de culture, et dans les moments des semis et plantation des légumes, comme aussi au moment des récoltes, en choisissant les plus beaux pour servir à l'usage des habitants, et approprier les autres pour les animaux.

Ne comptant que le produit du travail et fixant le prix de la journée à 2 francs, cela produirait 4,000,000 de francs tous les jours en faveur du commerce, et viendrait en aide pour faire cesser une coutume adoptée par un grand nombre de

MM. les fabricants, faisant exécuter leurs marchandises à la tâche par des personnes ayant fait un apprentissage de quelques années, à des prix moitié moins élevés que ceux reçus par celles qui n'en n'ont fait aucun et sont payées à la journée ou à l'heure.

Ce mal est encore aggravé par des marchandeurs et marchandeuses qui accaparent une partie des marchandises à fabriquer, pour les transmettre à des ouvrières auxquelles ils ne donnent à gagner que de 75 centimes à 1 franc par jour, au lieu de 1 fr. 50 c., 2 francs et 2 fr. 50 c., que ces personnes recevraient étant payées suivant leurs talents ou leur habileté à la journée ou à l'heure.

MM. les fabricants, profitant du grand nombre de personnes qui se trouvent sans emploi, ne craignent pas de diminuer le prix de leurs marchandises afin de vendre plus promptement que leurs confrères, en faisant supporter cette baisse à leurs ouvriers ou ouvrières sur les prix de façon, éternisant la misère par ce fâcheux système.

Ne serait-il pas plus favorable que ces messieurs n'acquièrent leur clientèle que par de longues relations d'affaires ou en faisant usage de quelques talents, soit en créant des articles nouveaux ou en perfectionnant les anciens, ou bien en se contentant de moindres bénéfices.

Rétribuant raisonnablement les ouvriers ou ouvrières, ces messieurs seraient obligés d'augmenter les prix de quelques-unes de leurs marchandises selon les qualités ou l'espèce. Mais ils doivent être assurés d'avoir toujours le même débit, personne n'ayant le désir d'obtenir aucune marchandise sans la payer à sa juste valeur. Il est même certain que tous les acheteurs, quelle que soit leur sphère ou leur position, préféreraient payer un peu plus les marchandises qu'ils achètent, s'ils étaient certains que cette augmentation ne servirait qu'à rétribuer plus convenablement les ouvriers et ouvrières qui les confectionnent, l'équité le voulant ainsi.

Bien des personnes ne se trouveraient plus forcées de solliciter des secours près des bureaux de bienfaisance, pour suppléer à l'insuffisance du prix de leur travail, démarche qu'elles ne font qu'à regret, car elles savent qu'elles diminuent le montant des dons faits par la charité publique pour venir en aide aux infirmes, ou aux enfants dont les parents ne peuvent subvenir suffisamment à leur existence.

Quelques-uns de MM. les fabricants, faisant

confectionner une partie de leurs marchandises pour l'exportation, hésiteraient peut-être à augmenter les prix du travail et de leurs marchandises, dans la crainte que leurs concurrents, dans d'autres États, ne vendent plus facilement qu'eux.

Cette crainte ne serait pas fondée, les marchandises que l'on exporte n'étant pas semblables en tous points à celles que vendent MM. les fabricants étrangers. Elles diffèrent par les matières premières, ou bien par les dessins ou par leurs perfections ; souvent on les vend en échange d'autres marchandises, et, sans doute, MM. les fabricants étrangers adopteraient volontiers cette amélioration en faveur de la classe ouvrière, du commerce et de la civilisation.

Supposant que quatre millions environ de personnes, étant rétribuées convenablement, recevraient un franc de plus par jour qu'elles ne reçoivent, elles procureraient de l'ouvrage pour leur entretien à 1,000,000 environ. D'autres personnes recevants forts et faibles, 2 fr. 50 c. par jour, cela produirait, en faveur du commerce, encore 2,500,000 fr. Cet acte de justice retirerait cinq millions de personnes de la misère et produirait la somme de 6,500,000 francs, qui, jointe aux 4,000,000 que gagneraient et dépenseraient les personnes occupées à la culture des terres restées incultes jusqu'alors, élèverait à l'énorme somme de 10,500,000 en plus que maintenant, pour la part des ouvriers, en faveur du commerce, augmenté considérablement par les échanges faits entre MM. les marchands et fabricants.

La Providence deviendrait favorable pour tout le genre humain si tous les ouvriers et ouvrières se trouvaient occupés et recevaient, en raison de leur temps bien employé, un salaire suffisant pour qu'ils puissent se nourrir et s'entretenir modestement, sans orgueil, auquel serait joint un supplément compensant le plus de fatigues ou de talents que nécessitent certains travaux.

MM. les fabricants ne peuvent se croire autorisés à diminuer les prix du travail, à cause de la peine que prennent les acheteurs de prier MM. les marchands de ne pas leur vendre trop cher, cette prévenance n'ayant lieu que parce que beaucoup de MM. les marchands ont l'habitude de surfaire leurs marchandises afin d'augmenter leurs bénéfices s'ils le peuvent.

Cette autre coutume peu équitable, cesserait promptement d'avoir lieu, si les personnes qui ont à se plaindre d'avoir été trompées sur le prix ou la qualité des marchandises, s'abstenaient de le faire en souriant, et cessaient toutes relations avec ces maisons, pour se fournir dans celles où l'on vend de confiance et véritablement à prix fixe.

La classe ouvrière fournissant les nombreux domestiques des deux sexes, qui évitent aux personnes riches ou dans l'aisance les fatigues que leur feraient éprouver des travaux trop pénibles pour elles, fournissant les ouvriers qui s'exposent à être estropiés en élevant tous les édifices qui honorent le pays, fournissant les nombreux contremaîtres qui les commandent, fournissant en plus grande partie les défenseurs de la patrie, des rangs desquels sont sortis de nombreux chefs qui se sont distingués en défendant les droits de la nation, se trouvant trop distante des personnes chargées de la rédaction ou de l'exécution des lois, ne peut espérer d'amélioration en sa faveur qu'en faisant usage du droit de pétition ou de la publicité, dans l'espoir que beaucoup de personnes distinguées voudront bien, en sa faveur, blâmer la coutume suivie par une grande partie de MM. les fabricants, donnant leurs travaux à exécuter à la tâche, de réduire les prix du travail pour cause d'un trop grand nombre de personnes sans emploi.

OBSERVATIONS

SUR

L'EXTINCTION DE LA MENDICITÉ.

Si toutes les personnes qui occupent des ouvriers ou ouvrières les rétribuaient convenablement, il ne resterait dans le besoin que les infirmes ne possédant aucune ressource, ainsi que celles qui n'en n'auraient que de trop faibles pour les faire vivre, et encore les pères et mères trop chargés de famille qui ne pourraient, par leur travail, procurer l'existence à tous leurs enfants.

Afin de détruire les causes qui amènent ou propagent la mendicité, exercée quelquefois sous bien des formes ou prétextes, trop pénible pour bien des personnes et peu morale pour celles qui la pratiquent avec facilité, on pourrait, par les soins des autorités ou d'une commission dans chacune des communes de la France, établir une souscription, dont le produit serait versé dans la caisse de monsieur le receveur général dans chaque département.

Dans une ville choisie du département, une administration recevrait de chacune des communes, avis des dons faits, ainsi qu'un bordereau indiquant les personnes admises à recevoir des secours, et délivrerait des coupons tous les mois pour être touchés chez MM. les receveurs d'arrondissement.

L'administration ferait connaître à la fin de chaque année, dans un ou plusieurs journaux, le montant des recettes et celui des dépenses, pour que MM. les souscripteurs augmentent, s'il était nécessaire, le montant de leur souscription afin d'obtenir le résultat désiré.

Très-peu de personnes refuseraient de prendre part à cette louable action et beaucoup d'ouvriers y participeraient très-volontiers, sachant que le plus souvent c'est leurs parents ou eux-mêmes qui peuvent se trouver dans la nécessité.

La société se trouverait même dispensée de nourrir le grand nombre de personnes qui journellement accompagnent les infirmes.

Extrayant moitié de la population, trop jeune pour prendre part à cette souscription, et le quart de l'autre moitié, y participant pour la faible somme de 1 franc, le produit ne s'en élèverait pas moins à la somme de 4,500,000 francs.

Ce simple aperçu fait voir avec quelle facilité on pourrait réussir dans cette entreprise, pour laquelle bien des personnes dépensent des sommes beaucoup plus considérables, sans avoir pu obtenir un résultat satisfaisant.

OBSERVATIONS

EN

FAVEUR DE L'ABAISSEMENT DES DROITS SUR LES VINS DE BASSE QUALITÉ, SUR LE CIDRE ET SUR LA BIÈRE.

Toutes, les terres labourables, délaissées jusqu'alors, étant mises en culture, rapporteraient à l'État des contributions assez importantes pour faciliter la diminution de quelques-unes, principalement de celles qui pèsent sur les vins de basse qualité, sur le cidre et sur la bière. Ces boissons sont indispensables à la nourriture des habitants, et cependant un grand nombre de personnes sont dans la nécessité de s'en priver en raison de leur cherté.

La bière pourrait remplacer les vins de basse qualité dans les années où ils manquent.

Mais depuis longtemps la grande cherté des grains propres à la fabrication de cette boisson a forcé MM. les marchands brasseurs de la fabriquer avec économie, ce qui la prive d'une grande partie de ses qualités nourrissantes, défaut qui est encore augmenté par les marchands qui la débitent en grossissant le volume assez considérablement.

Cultivant toutes les terres, les grains ne pourront plus nous manquer, et l'on peut désirer qu'en payant une modique licence au profit de l'État toute personne puisse fabriquer la bière nécessaire à sa consommation et à celle de son personnel.

MM. les cultivateurs récoltant les grains et pouvant les faire servir à la nourriture de leurs bestiaux après en avoir extrait quelques sucs, pourraient mieux que tous autres profiter de cet avantage en se faisant aider par un ouvrier qui aurait déjà travaillé à la fabrication de cette boisson. Ils pourraient acquérir des connaissances plus étendues en faisant usage d'un manuel du fabricant de bière.

Ces messieurs pourraient doubler la quantité des grains que MM. les marchands brasseurs emploient ordinairement, et ne donner que deux trempes aux farines, au lieu de trois ou quatre que donnent ces messieurs. Ces farines posséderaient encore des sucs et pourraient servir à la nourriture des animaux, mélangées ou non mélangées avec des menues pailles provenant des foins.

Ce moyen procurerait à leurs bières des qualités bien supérieures à celles que fabriquent MM. les marchands brasseurs, par la raison que les sucs provenant des grains y seraient en plus grande quantité, et que les deux dernières trempes que donnent ces MM. ne procurent que peu de sucs à leurs bières. Les farines s'acidifiant pendant l'opération trop prolongée, en absorbant une grande quantité des gaz composant l'air, le liquide, provenant des dernières trempes, ne sert en grande partie qu'à remplir la chaudière dans laquelle on cuit le brassin. En n'acquérant pas le même degré de cuisson que les premières trempes, elles empêchent que les bières deviennent limpides et soient de bonne garde.

Inconvénients qui n'auraient pas lieu si MM. les marchands brasseurs ne se trouvaient pas obligés de payer des droits pour l'entière contenance des chaudières qu'ils déclarent employer à cet usage, restant libres de cuire le liquide provenant des dernières trempes dans une autre chaudière et de lui donner la cuisson convenable, pour le réunir aux premières, ou bien de vendre ces bières de qualité inférieure, à plus bas prix. Avantage qui n'a pu avoir lieu jusqu'à présent, ces messieurs ayant, par égard aux droits pour lesquels ils sont exercés, un trop grand intérêt d'augmenter le volume déclaré au grand préjudice des consommateurs.

Et l'on peut désirer que MM. les marchands brasseurs payant une patente proportionnée à la population des villes ou faubourgs, dans lesquels ils résident, soient affranchis de la surveillance à laquelle ils sont assujettis pour la perception des droits ou impôts, afin qu'ils puissent donner à leurs bières la cuisson convenable.

Le grand nombre de licences que prendraient les personnes qui voudraient fabriquer elles-mêmes leurs bières ainsi que l'augmentation du droit de patente compenseraient en grande partie la perte qu'éprouverait l'État, ainsi que les communes des villes, par la suppression des droits perçus jusqu'à ce jour sur cette boisson.

Il serait nécessaire que MM. les cultivateurs employassent une faible partie de leurs terres à faire croître les houblons indispensables à la fabrication de cette boisson, afin d'éviter l'augmentation de leur prix.

OBSERVATIONS

SUR

L'EMPLOI DES TERRES NON LABOURABLES.

On pourrait utiliser toutes les terres composées en grande partie de pierres, grèves, sables ou craies, en choisissant s'il était possible, ces endroits pour établir les bâtiments des fermes.

MM. les propriétaires d'une grande quantité de ces terres, pourraient faire tracer à l'avance des rues assez larges avec des trottoirs, afin d'indiquer la possibilité de construire quelques beaux villages.

Une société formée par actions, se faisant autoriser par le gouvernement, pourrait se rendre acquéreur d'une grande quantité de mauvaises terres, assez éloignées de la capitale pour ne pas porter ombrage à son commerce, peu éloignées d'une rivière et même assez rapprochées de la mer, pour fonder une ville modèle à laquelle on donnerait un nom illustre.

Cette société accorderait une prime à l'architecte qui fournirait un plan de l'ensemble de cette ville supérieur à celui de ses confrères, et une autre prime moins forte à celui qui fournirait le plan le plus parfait d'un monument ou d'une maison.

Toutes les rues seraient tracées assez larges pour avoir de très-beaux trottoirs.

Autant que possible, les maisons seraient uniformes dans leur devanture : une grande porte au milieu de la façade, et,de chaque côté,de très-grands appartements, qui, au besoin, pourraient être transformés en beaux magasins. Les étages seraient réguliers, et les ouvertures régulières. Chacune de ces maisons posséderait provisoirement une cour assez grande pour construire un atelier ou d'autres logements dont on aurait besoin. Elles posséderaient aussi un jardin d'une grandeur raisonnable pour conserver un air sain et jouir de cet agrément. Chacune d'elles pourrait, si on le désirait, former un très-grand et très-joli hôtel.

Un établissement assez considérable serait construit pour fournir de l'eau dans toutes les maisons jusqu'au dernier étage, moyennant rétribution En cas d'incendie, on adapterait au conduit d'eau un tuyau avec une lance pour diriger l'eau à l'endroit du sinistre, et, des maisons voisines, on aiderait à en arrêter les progrès jusqu'à l'arrivée des secours nécessaires.

Un second établissement fournirait l'éclairage pour tous les monuments et places publiques, ainsi que pour les propriétaires qui le désireraient, moyennant rétribution, pour la quantité de gaz dépensé, constaté par l'usage usité.

Les monuments publics, tels que sous-préfecture, hôtel de ville, tribunaux, salles de spectacles ou tous autres seraient élevés sur des places publiques, et faits avec toutes les perfections de l'art de notre époque.

Cette ville posséderait, en outre, de très-grands et très-jolis jardins publics et de très-belles promenades.

Par ses embellissements et ses perfections, elle attirerait un très-grand nombre d'étrangers qui, par leur présence, en activeraient le commerce.

Les terrains sur lesquels on aurait élevé cette ville, les monuments et embellissements ayant peu coûté dès l'origine, gagneraient en valeur, et permettraient aux capitalistes sociétaires de réaliser des bénéfices dans la vente des terrains et des maisons, qui seraient recherchés, si nous en

4

jugeons par les besoins de la population toujours croissante, et la rareté des logements.

Vendant des terrains, ces messieurs obligeraient les acquéreurs de faire construire suivant le plan tracé par l'architecte et adopté pour la construction de cette ville.

Aux acquéreurs des maisons l'obligation de ne pas dépasser leur hauteur en faisant des changements ou des constructions nouvelles dans leurs cours ou jardins, afin qu'elles conservent l'uniformité, excepté l'élévation de quelques belvédères.

La construction de cette ville, jusqu'alors sans pareille, procurerait de l'occupation à un très-grand nombre d'ouvriers de tous les arts, ferait un immortel honneur à l'État qui la posséderait, ainsi qu'à la nature en profitant du don qu'elle nous a fait de toutes les terres pour servir à notre existence, ainsi qu'à notre usage.

OBSERVATIONS

CONTRAIRES

A LA MOBILITÉ DE LA TERRE

DEUXIÈME PARTIE.

OBSERVATIONS

CONTRAIRES A LA MOBILITÉ DE LA TERRE ET FAVORABLES A SON IRRÉVOCABLE FIXITÉ.

Beaucoup de personnes, adoptant le système émis par le citoyen Copernic, il y a environ trois siècles, croient sérieusement que la terre se meut dans son orbite avec une vitesse de 1,593,750 mètres par heure ; 466 mètres par seconde, ou 7 lieues environ par minute ; son diamètre étant de 1,275 myriamètres.

OBJECTIONS.

La terre, immobile dans sa plus minime parcelle ne peut, en aucune manière, se mouvoir en son entier.

Serait-elle mobile, elle ne pourrait tourner sur elle-même sans écraser une partie des monuments, des maisons, des habitants, ainsi que de toutes les plantes ; sans déverser tous les jours une partie de l'eau des mers, des rivières, des mares et étangs sur le bord des terres qui les contiennent ; ni même sans que nous nous trouvions à un moment du jour ou de la nuit, les pieds en l'air et la tête en bas.

Elle ne pourrait non plus être lancée dans l'espace comme un ballon, sans dévier à chaque instant plus ou moins considérablement de sa position ordinaire ; et l'on ne saurait comprendre comment elle pourrait être maintenue perpendiculairement ou horizontalement dans son orbite, pour pouvoir se mouvoir sans dévier d'un côté ou de l'autre.

L'œil se meut dans son orbite, maintenu par des membranes flexibles qui se prêtent au mouvement de va et vient, mais non à celui de rotation.

Tout objet matériel ne peut exécuter ce mouvement qu'en étant placé sur un pointal ou supporté par les deux bouts, comme une mappemonde.

Dans le premier cas, quelle serait la forme du pivot et de son support pour résister au poids de toute la terre et des eaux, et quelle serait la forme et la force du collet, et où serait-il placé dans l'espace pour maintenir son extrémité supérieure ?

Dans le second cas, sur quoi reposeraient ses deux extrémités ?

Il est encore impossible d'admettre que la terre, étant mobile, puisse parcourir la distance de 7 lieues par minute, en examinant le ventilateur employé dans les fonderies de fer ; appareil très-peu volumineux et le plus rapide de tous les mécanismes inventés par les hommes ; ayant 1 mètre de diamètre et faisant 2,500 tours par minute ; ne développant que la distance d'une lieue 7 huitièmes.

On ne peut même supposer que la terre puisse être mue par attraction à l'aide de la chaleur que répandent sur elle les rayons du soleil, les gaz ne pouvant acquérir dans son intérieur aucune concentration, à cause des eaux qui séjournent dans ses profondeurs, ainsi que celles des mers, des fleuves, des rivières et des étangs qui deviendraient un obstacle tout à fait insurmontable.

Oubliant cette impossibilité, une personne éminemment profonde dans les sciences affirmait publiquement, il y a quelques années, qu'il existait à 80 kilomètres de profondeur dans les terres une force centrifuge dépassant celle de plusieurs locomotives réunies.

Pour la satisfaction de l'auteur de cette pensée,

je désirerais qu'il fût possible de vérifier ce fait.

Car, à la gloire du Créateur, j'affirme que les gaz non inflammables disséminés sous la voûte céleste, recevant la chaleur du soleil qui les oblige de rechercher l'humidité afin de conserver leurs qualités gazeuses, ne pénètrent que de quelques mètres dans les terres, et un peu plus dans les eaux, à cause de leur fluctuation. Cela suffit pour le présent et suffira à l'éternel entretien des astres et de la nature.

On cite en vain la force d'attraction qu'a l'aimant pour un faible morceau de fer. Cette force devient nulle et sans effet lorsque l'on en emploie un plus volumineux.

Il y a environ trente ans, un mécanicien irlandais assurait avoir inventé, à l'aide de l'aimant, un mouvement perpétuel mis en action par une petite roue en tôle attirée par l'aimant, laquelle communiquait le mouvement à son mécanisme. Mais il échoua complétement lorsqu'il voulut obtenir une force plus considérable.

Beaucoup plus aisément on peut reconnaître que la terre est plane, sauf des inégalités plus ou moins fortes; l'une d'elles, considérablement élevée, d'une largeur extraordinaire et d'une immense longueur, forme le nord d'une très-grande étendue de la terre. Cette montagne prive un grand nombre de contrées de jouir d'un climat favorable à cause de l'humidité soutenue par les gaz qui séjournent au delà d'elle, et que le soleil ne peut détruire entièrement.

L'existence de cette montagne ne peut être mise en doute; car depuis longtemps il est reconnu que les eaux de la mer, des fleuves, des rivières et étangs du nord se rendent dans les mers du midi; que de celles-ci au point le plus élevé de la montagne la distance n'est pas moindre que 1,200 lieues environ; et qu'en raison de la rapidité de quelques-uns des fleuves et rivières qui existent dans cette distance, on peut, sans crainte d'erreur, estimer cette pente à 1 millimètre par mètre, donnant 4 mètres par chaque lieue, ce qui élève la première partie de cette montagne à 4,800 mètres environ, auxquels doit s'ajouter un quart de millimètre par mètre pour la pente existant dans toute la longueur des mers et de leurs détours, jusque dans les contrées les plus reculées de l'est et du sud, dont la distance n'est pas moindre que 6,000 lieues environ, produisant 6,000 mètres, lesquels ajoutés aux 4,800 mètres de la première partie, élèvent la ligne perpendiculaire de cette montagne à

10,800 mètres, ou deux lieues trois quarts environ.

Cette élévation du sol nous est aussi indiquée d'une manière certaine par l'immense étendue des mers, des fleuves, des rivières et des étangs qui existent dans ces contrées lointaines, comme nous le reconnaissons, dans toutes les localités qui partagent l'étendue de la terre, par l'existence des mares d'eau, des étangs, ou bien par le passage d'un fleuve ou d'une rivière.

Plusieurs marins, ayant voyagé dans la mer glaciale peu de temps après le dégel, nous confirment dans cette pensée, déclarant avoir aperçu sur les côtes de cette mer des murs d'une forte élévation formés par les glaces, indiquant une très-grande baisse des eaux, laquelle ne pouvait avoir lieu que par une très-forte pente.

Nous devons regretter la perte d'un certain nombre de marins surpris dans cette mer par les glaces, n'ayant que leurs bâtiments pour abri, qui, ignorant la baisse des eaux, attendaient patiemment le dégel. A ce moment les glaces s'étant rompues, leurs bâtiments tombèrent dans le gouffre et, par leur propre poids, s'enfoncèrent pour ne plus reparaître.

Le capitaine Symour a pareillement reconnu

dans la mer Morte une baisse de 427 mètres; et s'il avait pu sans danger expertiser dans le moment des grandes eaux, il aurait trouvé une pente beaucoup plus considérable.

Une baisse très-forte a également lieu dans la Méditerranée lorsque les fleuves, ses affluents, cessent de déverser une grande abondance d'eau.

Assistant au départ d'un bâtiment en mer, on le perd de vue simultanément depuis la coque jusqu'au plus élevé de ses mâts ; ce qui ne pourrait avoir lieu ainsi s'il n'existait aucune pente.

On le verrait, lorsqu'il s'éloigne, diminuer de volume proportionnellement dans sa grosseur comme dans sa hauteur.

Deux personnes voyageant éloignées l'une de l'autre d'une centaine de pas, la dernière perdra de vue simultanément, en une minute, les jambes, les fesses, le corps et la tête de la première, lorsqu'elle descend une petite côte :

Mais le bâtiment, est obligé de s'éloigner de 15 à 17 lieues en mer pour cela. C'est la seule différence.

On pourrait acquérir la certitude incontestable de l'existence de cette montagne, en prenant le niveau du sol depuis la mer située au midi de la France, jusqu'à la frontière du nord; et l'expérience pourrait être continuée dans les divers États jusqu'au point le plus élevé de cette montagne.

Je ne peux comprendre comment on a accepté et vanté le système en faveur de la mobilité de la terre, que n'acceptent pas les personnes à l'âge de dix ans ; car lorsqu'elles entendent dire que la terre tourne, elles regardent leur interlocuteur, croyant le voir sourire, en lui disant qu'elles n'acceptent par la mystification, en croyant à la réalité d'une chose impossible. Ce n'est qu'en l'entendant répéter par leurs parents, ainsi que par d'autres personnes qui l'avaient entendu dire par celles qui cultivaient cette science et qui, sans réfléchir, confirmaient la pensée de l'auteur, sans avoir demandé à ce dernier comment il se faisait qu'il existât un crépuscule une heure le soir, et deux heures le matin. La terre faisant 7 lieues en une minute nous priverait de toute lueur, et l'on aperçoit le crépuscule lorsque la terre a parcouru 420 lieues ; et le matin à 840 lieues avant le lever du soleil. Il aurait reconnu lui-même l'invalidité de son système qui existe depuis près de trois siècles.

Pour faire cesser cette erreur par trop matérielle et peu en harmonie avec l'intelligence humaine, je crois devoir engager MM. les habitants de la ville de Paris, à se croire placés sur la pente, une lieue environ en contre-bas du sommet de la montagne formant le nord de toute la terre, étant encore deux lieues plus élevés que le sol du sud. Dans cette position ils reconnaîtront que le soleil, lorsqu'il se couche pour nous, n'entre pas sous terre, comme on veut le croire, et qu'il est élevé de plusieurs centaines de lieues au-dessus d'elle ; ce qui lui permet de produire le crépuscule jusqu'à ce qu'il rencontre des nuages très-épais formés par les gaz nantis d'humidité, lesquels n'ont pu recevoir sa chaleur pendant le jour, à cause de la montagne interceptant sa lumière et produisant la nuit pour tous les peuples de la terre, pendant laquelle le soleil détruit une grande partie de cette humidité en détruisant les gaz huileux et minéraux servant à son entretien ; ce qui lui donne le pouvoir de produire le crépuscule une heure de plus le matin que le soir.

Comme on le voit le Créateur n'a rien fait de surnaturel ou de miraculeux en créant la terre ; car il la créa comme il créa toutes choses, conforme à la simple nature. Cette montagne, exceptionnelle en raison de sa pente excessivement peu rapide, n'est pas visible de suite ; mais elle est reconnaissable pour toutes les personnes convaincues, après quelques réflexions sérieuses, que ce n'est que dans un songe ou dans le délire de la fièvre que l'on pourrait croire à la mobilité de toute l'étendue de la terre, des mers, des fleuves, des rivières, des arbres, des maisons, des monuments, des habitants et de tous les animaux ; que le tout tourbillonne sous la voûte céleste, et que la terre maintenue dans son orbite, on ne dit pas comment, vient se placer entre la lune et le soleil pour produire une éclipse, et fait 28 kilomètres ou 7 lieues dans le court délai d'une minute.

Toutes les matières ne possédant en elles-mêmes aucune substance pour pouvoir éprouver ou produire par l'attraction la mobilité à 100 kilogrammes de terre, de pierre ou d'eau, on peut conclure qu'il est de la plus grande impossibilité de pouvoir mobiliser le tout.

La terre et les eaux possèdent bien des gaz de toute espèce en immense quantité ; mais étant humides, ils sont nantis de leur froid naturel, et, dans cet état, ils sont dans la plus complète inertie.

OBSERVATIONS

SUR

LE SOLEIL ET SUR LES CAUSES FAVORABLES A SON ENTRETIEN.

Le citoyen Copernic affirme que le soleil est fixe, que sa circonférence est cent onze fois plus considérable que celle de la terre, de laquelle il serait éloigné de 38,000,000 de lieues, terme moyen.

OBJECTION.

S'il était fixe, quelle serait la montagne qui recélerait le combustible nécessaire à son entretien, et quelle en serait la nature pour lui donner le pouvoir de répandre à une distance aussi considérable autant de chaleur et une aussi vive lumière que celles que nous recevons de lui ?

La certitude doit être acquise que l'Être suprême, en créant outes choses fixes ou variables, s'est constamment servi de moyens naturels et conformes à l'essence dont devait être composée chacune d'elles. Et l'on doit croire sérieusement que le soleil, originaire d'un feu céleste, indispensable à l'entretien des astres, à l'existence de tous les habitants de la terre, à celle de tous les animaux, sans omettre ceux qui existent dans le sein de la terre et dans les eaux, a reçu du Créateur le pouvoir de lancer sur nous ses rayons gazeux et lumineux qui nous éclairent et nous pénètrent, ainsi que la terre et tous les animaux, de leur chaleur, en raison de l'humidité interne que nous possédons et qu'ils possèdent. Pénétrant en même temps dans toutes les autres matières possédant l'humidité, ils font naître une immense quantité de différents gaz, notamment ceux provenant des matières animales huileuses et minérales qui servent à l'entretien du soleil. Une faible partie des autres gaz est aspirée par tous les êtres vivants. Une forte partie sert à la nourriture et à la végétation de toutes les plantes ; une autre est détruite par les orages, et le reste est absorbé par toutes les matières quelconques, en raison de leur humidité et de la plus ou moins grande chaleur naturelle ou artificielle qu'elles possèdent.

L'expérience nous apprend pareillement que

le feu quitte son foyer naturel avec la rapidité de l'air, pour aller à la rencontre des éléments nécessaires à son entretien; et l'on doit avoir la certitude que, pour la même cause, le soleil quitte le milieu du firmament, où existe une grande quantité de gaz qu'il a fait éclore les jours précédents et ce jour, dans les contrées de l'est, du sud-est, du sud et du sud-ouest, pour aller à la rencontre de ceux qu'il a paraillement fait naître dans toutes les autres contrées de la terre, et qui ne peuvent s'élever au milieu de la voûte céleste, la montagne formant le nord de toute la terre les privant de recevoir sa chaleur. Sans l'existence de cette montagne, le soleil ne décrirait qu'un faible cercle au firmament; mais la chaleur qu'il répand deviendrait beaucoup trop forte pour que les habitants, les plantes et tous les animaux pussent exister dans la plus grande et la plus belle partie de la terre située sous la ligne équatoriale, les tropiques et lieux circonvoisins; et l'on peut aisément reconnaître qu'elle est utile en produisant quelques intervalles à la trop grande chaleur du soleil; laissant le loisir d'utiliser la plus grande partie du temps pendant lequel nous sommes privés de sa chaleur et de sa lumière, en prenant tous les jours notre repos.

Dans les plus grands jours, le soleil quitte le haut du firmament et se dirige entre l'ouest et le nord-ouest; se couche entre ce dernier et le nord; continue sa course dans l'horizon nord, et se lève entre le nord-est et l'est pour regagner son point de départ.

Dans les plus courts jours, le soleil quitte le milieu du firmament et se dirige vers l'ouest, se couche entre ce dernier et le nord-ouest; continue sa course dans le nord et le nord-est, et se lève à l'est pour regagner son point de départ.

Aucun peuple de la terre ne jouissant pas chaque jour sans interruption de la lumière du soleil, on doit croire que la montagne formant le nord de la terre l'empêche de détruire à l'extrême nord les nuages, formés de gaz chargés d'humidité, qui interceptent sa lumière et produisent la nuit dans le même moment pour tous les peuples de la terre.

En raison de la courbure de la voûte céleste, le soleil se trouve dispensé de faire en entier le tour de la terre, qui est de 9,561, lieues environ, desquelles on peut aisément diminuer un tiers. Alors il lui resterait à parcourir en vingt-quatre heures 6,374 lieues.

Mais on reconnaît que, dans les nuits les plus

longues qui sont de seize heures, il en décrit environ moitié, soit 3,187 ; que, dans les nuits les plus courtes qui sont de huit heures, il en décrit le quart, soit 1,593 ; ce qui fait 192 lieues par heure, ou 3 lieues 1/5 par minute.

MM. les navigateurs astronomes ayant reconnu chaque fois qu'ils approchaient des pôles que les degrés se trouvaient plus allongés, on doit supposer que l'étendue de la terre est plus grande qu'elle n'est reconnue jusqu'à ce jour.

Cette erreur a pu être causée par la pente existant tout autour de la terre, laquelle empêche de découvrir l'extrême horizon.

Les terres, les mers, les fleuves, les rivières et les étangs recevant toutes les matières animales, absorbent les graisses et les huiles que ces matières possèdent. Ils oxydent aussi tous les métaux, les minerais qui les produisent dont ils sont pareillement détenteurs ; et les gaz que la chaleur du soleil fait naître de ces matières, mélangés avec ceux provenant de toute autre matière, s'élèvent dans la voûte céleste pour jouir de la chaleur du soleil, laquelle en fait deux parts, savoir :

Ceux provenant des huiles animales surnageant l'humidité des nuages, et qui ne peuvent êtres détruits que par le feu ;

Ceux provenant des métaux et des minerais qui ne peuvent être mis en fusion et se concentrer qu'à l'aide d'une chaleur très-considérable.

Se trouvant chassés ensemble dans la voûte céleste par les gaz non inflammables formant des courants lorsqu'ils reçoivent la chaleur, ils se placent sur le passage du soleil qui les prive simultanément de la plus grande partie de leur humidité et les détruit ensuite pour son entretien.

On conçoit que s'il les privait entièrement de leur humidité, ils ne feraient qu'un seul et même éclair.

Secondement, lés gaz susceptibles dé se concentrer, en perdant leur humidité, sont forcés de s'éloigner de la chaleur que répandent les rayons du soleil, en établissant des courants que l'on nomme habituellement courants d'air.

On ne peut douter que ce soient les gaz huileux et minéraux qui servent à l'entretien du soleil et des autres astres, en apercevant, toutes les fois que le temps le permet, à son lever, un fort bandeau formé de ces gaz s'élever de l'horizon est jusqu'au sud, se disséminer ensuite et s'élever dans la voûte céleste à l'approche du soleil.

On voit aussi, dans le même moment, ces gaz quitter les nuages et se diriger vers le soleil levant.

On voit, dans le moment de son coucher, un fort bandeau formé de ces gaz depuis l'ouest jusqu'au nord-est; on voit souvent après la pluie se former un arc-en-ciel de ces mêmes gaz, attirés de très-loin dans la voûte céleste par la chaleur du soleil et maintenus en arrêt par les gaz non inflammables formant des courants lorsqu'ils reçoivent la chaleur.

Lorsque le temps est pommelé, c'est-à-dire couvert d'une infinité de petits nuages, on voit sortir de chacune de ces ondulations ces gaz se dirigeant vers le soleil.

A son coucher, s'il existe un très-gros nuage, ces mêmes gaz, attirés par la chaleur, se séparent de l'humidité et produisent un météore très-brillant, en recevant un faible rayon du soleil.

Lorsqu'un grand nombre de ces gaz se trouvent en face du soleil, assez éloignés pour ne pas être détruits, ils produisent par la transparence une couleur rouge très-vive et très-scintillante.

On doit attribuer à un ou à plusieurs écartements entre ces gaz, dans l'étendue du disque du soleil, les taches aperçues par MM. les astronomes.

C'est aussi à ces gaz, non assez rapprochés du soleil pour être consumés, sur lesquels sa vive lumière sé reflète, que l'on doit attribuer la couleur rose aperçue autour de son disque de lumière dans le moment d'une éclipse par MM. les astronomes.

On reconnaît encore la présence des gaz provenant de tous les minéraux mis en fusion par la forte chaleur du soleil dans les éclats de boules formant la foudre dans certains orages.

OBSERVATIONS

SUR

L'ELÉVATION ET L'ABAISSEMENT DU SOLEIL ET DE L'ATMOSPHÈRE, ET LA PRODUCTION DES SAISONS.

On reconnaît la plus grande élévation du soleil et de l'atmosphère le 22 juin à l'heure de midi, en plaçant perpendiculairement une règle en face le soleil, l'ombre que cette règle projette étant deux fois et un sixième en moins que la ligne inclinée du haut de la règle à la terre, représentant la distance de Paris à l'équateur, laquelle étant de 48 degrés 38 minutes à 25 lieues l'un,

produisant...................	2,626 lieues
desquelles il faut déduire un neuvième pour la différence avec la ligne perpendiculaire.......	292
Leur élévation est de........	2,334 lieues
Le 22 septembre, ligne inclinée une fois 2/3.................	2,020 lieues

Distance de Paris à l'équateur.

La ligne perpendiculaire étant 2/7 en moins. 574

Élévation. . . . . . 1,446 lieues

L'atmosphère et le soleil se sont abaissés de 890 lieues en 92 jours, 9 lieues 2/3 par chacun.

Le 22 décembre ligne inclinée de Paris à l'équateur, 4 fois moins 1/5. 4,606

différence avec la ligne perpendiculaire 3 fois et 1/4. 3,939

L'élévation est de. . . 667 lieues

Le soleil et l'atmosphère se sont abaissés de 772 lieues en 92 jours, 8 lieues environ par chacun.

Le 21 mars, ligne inclinée de Paris à l'équateur, une fois 5/7, 2,077

Déduire 1/3 pour la différence avec la ligne perpendiculaire. . . . 692

Le soleil et l'atmosphère se sont rélevés de 718 lieues en 90 jours. 1,385

C'est 7 lieues 5/6 par chacun.

On reconnaîtrait l'élévation et l'abaissement du soleil et de l'atmosphère beaucoup plus exactement en plaçant à demeure pendant un an à l'abri de l'intempérie, un télescope, dirigé vers le soleil à l'heure de midi, et muni près de sa base inférieure d'un mètre divisé par millièmes, lequel ferait connaître l'élévation de l'atmosphère et du soleil toutes les fois que le temps le permettrait pendant les six mois du 22 décembre au 22 juin, et leur abaissement pendant les six autres mois du 22 juin au 22 décembre.

On doit attribuer l'abaissement du soleil, et celui de l'atmosphère à la privation d'humidité de la superficie des terres.

Cette cause empêchant le soleil de les pénétrer assez profondément de sa chaleur pour faire naître la même quantité des gaz provenant des matières animales huileuses et minérales qu'elles renferment, et qui servent à son entretien, ainsi qu'à celui des autres astres : et leur abaissement commence vers la fin du moins de juin, parce que les moissons qui commencent dans les pays chauds courant le mois de mai, se continuant simultanément dans toutes les autres contrées de la terre, mettent à nu les terres et les exposent à la sécheresse causée par l'ardeur du soleil.

Et les autres gaz dont l'air est composé absorbant dans ces moments des cendres sulfureuses et autres engrais, une forte quantité de substances sulfuriques, carboniques et de salpêtre, deviennent auteur des orages qui détruisent une immense quantité des gaz composant notre atmosphère.

Et plus encore, les gaz recevant la forte chaleur du soleil, ne pouvant pénétrer dans les terres privées d'humidité à leur superficie, planent sur les eaux des mers, des fleuves, de srivières, des étangs et des marais, les échauffent et leur font absorber une immense quantité des gaz qui serviraient à l'entretien du soleil.

Cette circonstance est démontrée par la chaleur qu'obtiennent les eaux des fleuves, rivières et étangs, qui sont situés sur la pente de la montagne formant le nord de toute la terre : devenant bonnes à pouvoir prendre des bains. Et c'est sans doute à la grande quantité de gaz absorbés par les eaux dans le moment des sécheresses et des temps caniculaires, que l'on doit attribuer les cas maladifs dont se sont plaints quelques baigneurs.

Les eaux des mers n'ont pas cet inconvénient parce qu'elles possèdent une forte partie de muriate de soude, qui neutralise la partie alcaline des gaz absorbés par ces eaux.

Et par ces causes, le soleil ne pouvant faire naître la même quantité des gaz propres à son entretien, ne peut plus produire, par la combustion des gaz huileux et minéraux, la même quantité de gaz bleu ciel, servant en partie à l'entretien de la lune et des planètes et entièrement à celui des étoiles.

Ce qui oblige ces astres à s'élever de moins en moins lors du passage du soleil, et à s'abaisser tous les jours de 9 lieues environ de plus que le jour précédent, recouvrant l'horizon d'autant. Ce qui empêche le soleil de s'élever à la même heure et le force à se coucher plus tôt, diminuant la durée des jours (1).

Et même encore le soleil séjournant de moins en moins au-dessus de l'horizon, ne peut détruire entièrement les nuages formés par les gaz nantis d'humidité qui séjournent au-dessus de la montagne formant le nord de toute la terre : n'en n'extrayant que les gaz huileux et minéraux qui abandonnant leur humidité surchargent les autres

(1) Une preuve incontestable à l'appui de cette observation, c'est que les jours commençent à diminuer davantage le soir, que le matin, et augmentent pareillement le soir.

gaz et provoquent les pluies fréquentes, ainsi que ces épais brouillards si nuisibles à la santé des habitants.

Vers le 15 octobre, le soleil n'étant élevé de la terre que de 1,200 lieues environ, ne se montrant que dans l'après-midi, échauffe quelques peu les terres qui attirent pendant la nuit les gaz composant l'air; lesquels déposent sur le sol et les plantes l'humidité qu'ils tenaient en suspension; et cette humidité étant absorbée par les gaz non inflammables recevant la chaleur, qui reprennent leur froid naturel à l'aide duquel ils la transforment en glace très-fine ou gelée blanche.

Le 1er décembre le soleil n'étant élevé de la terre que de 900 lieues environ, imprimant une très-forte chaleur aux gaz non inflammables disséminés sous la voûte céleste, les force à s'éloigner rapidement pour éviter leur concentration en produisant des vents excessivement froids, et s'emparant de l'humidité répandue sur la terre, ils reforment de nouveaux nuages desquels le soleil extrait les gaz huileux et minéraux en provoquant de nouveau la pluie; et cette humidité à cette époque se trouve parfois transformée en neige, par une très-grande quantité de gaz non inflammables recevant une très-forte chaleur du soleil, qui, étant nantis de cette humidité, reprennent leur froid naturel.

L'extrême légèreté que possède la neige ne laisse aucune doute que les gaz la composent.

Vers la fin de décembre, le soleil, n'étant qu'à 640 lieues environ de la terre, après avoir détruit tous les nuages qui séjournaient au-dessus de la montagne formant le nord de toute la terre, imprimant une très-forte chaleur aux gaz non inflammables les force à s'emparer de l'humidité des terres, de celle des eaux et de toutes les matières quelconques ; et cette humidité leur rend leur froid naturel, à l'aide duquel ils se transforment en glace, à une plus moins ou grande profondeur, en raison de leur plus ou moins grand nombre.

De savants chimistes obtiennent pareillement de la glace à l'aide du calorique, en opérant sur des gaz liquéfiés mille fois plus nantis d'humidité que ceux disséminés sous la voûte céleste, desquels dispose le soleil.

Le liquide considérablement refroidi par les gaz employés pour cette opération, et par celui que produit l'immense quantité des gaz répandus dans l'espace, attirés par la chaleur humide pendant tout le temps qu'a duré l'opération, se trouve transformé en glace dont le poids, comparé à son volume, indique la présence des gaz.

Le soleil, après avoir détruit les nuages chargés d'humidité, gelé les terres, glacé la mer, les fleuves, rivières et étangs dans le nord, continuant d'imprimer une forte chaleur aux gaz non inflammables, les oblige à rechercher l'humidité dans les terres éloignées, pénètre dans les terres avoisinant les tropiques, fait naître de nouveaux gaz chargés d'éléments inflammables et lumineux, qui lui donnent le pouvoir de s'élever ainsi que notre atmosphère, et de détruire tous les jours de plus en plus les nuages recouvrant l'horizon, depuis le nord de l'Afrique, de l'Italie, de l'Espagne, de la France et jusque dans l'extrême nord, par son élévation successive et la chaleur qu'il répand de plus en plus; il produit la végétation simultanément dans toutes ces contrées.

Au commencement du mois de mars, le soleil s'étant réélevé de 600 lieues environ, les gaz non inflammables s'élevant pareillement arrivent sur la terre en bien moins grand nombre, et ne produisent plus que des gelées blanches, lesquelles se prolongent quelquefois jusqu'en avril ou en mai, et deviennent malheureusement très-nuisibles aux récoltes.

On attribue au dépôt des engrais le dessèchement des terres très-éloignées des rivières autrefois submergées et rendues depuis à la culture, dans lesquelles on trouve des poissons pétrifiés et des coquillages indiquant leur primitive origine.

Mais les pailles et les diverses matières employées comme engrais, laissent après leur combustion une trop faible quantité de cendres ou résidus pour produire une élévation du sol aussi considérable. On doit l'attribuer à l'augmentation très-considérable de la population de la terre, à la plus grande quantité des animaux élevés et entretenus pour la nourriture et l'usage des habitants; n'omettant pas d'y comprendre ceux qui naissent et meurent dans le sein de la terre et dans les eaux, produisant plus de gaz huileux comparativement aux premiers siècles, et favorables à augmenter la force du soleil, et encore à la culture beaucoup plus étendue des terres et aux fouilles profondes que l'on exécute tous les jours dans son sein, mettant à nu beaucoup plus de substances huileuses et minérales. Toutes circonstances lui donnant le pouvoir de soutirer beaucoup plus d'éléments inflammables et lumineux, pour lui donner la force de diminuer tous les étés le lit des fleuves, des rivières, des étangs, des marais et des mares d'eau, qui toujours se remplissent de moins en moins par les pluies accidentelles ou plus ou moins abondantes d'automne, qu'ils reçoivent de la pente des terres les avoisinant dans toute la longueur de leur parcours.

OBSERVATIONS

SUR

LE VENT, LES ORAGES, LES OURAGANS, LES ÉRUPTIONS QUI ONT LIEU DANS LES MINES DE CHARBON, CELLES DES SABLES ET DES VOLCANS.

Le soleil à son lever répandant une forte chaleur dans les contrées de l'est, sud-est et du sud, sur les gaz non inflammables, les oblige à venir rechercher l'humidité dans nos contrées ainsi que dans celles du nord, en s'adjoignant les gaz chargés d'humidité qui se trouvent dans la distance qui nous sépare de ces contrées, en formant des courants qui souvent sont très-froids, principalement le lendemain d'une pluie, et plus encore dans les saisons où le soleil se trouve très-rapproché de la terre.

Les courants deviennent plus forts à mesure que le soleil s'élève dans la voûte céleste et nous viennent du sud vers midi, de l'ouest vers quatre heures, et cessent bien souvent au moment de son coucher, excepté la veille ou les jours de gelée, où ils nous viennent toujours du nord, l'humidité étant détruite et les gaz recevant pendant la nuit la forte chaleur du soleil, qui les force à venir vers le sud rechercher l'humidité pour éviter leur concentration.

On n'éprouve aucun courant d'air, lorsque le temps est fort couvert, les gaz qui les forment s'emparant de l'humidité à la superficie des nuages, qui détruit leur force et les empêche d'arriver sur la terre.

Sous la ligne équatoriale, les gaz, recevant la très-forte chaleur du soleil qui les force à rechercher l'humidité, pénètrent dans les sables brûlants, les soulèvent et en transportent une partie dans les contrées éloignées où l'humidité existe, détruisant sur leur passage une forte partie des récoltes sur lesquelles les habitants fondaient leur seule et unique espérance.

Les éruptions volcaniques se produisent dans de fortes montagnes où brûle constamment du soufre, par une immense quantité de gaz composant l'air, qui attirés par la chaleur humide des terres au fond de profondes crevasses, pendant longtemps, se sont réunis, et entièrement concentrés, et qui finissent par faire explosion.

Les détonations et les éruptions, qui surviennent dans les mines de charbon occasionnant la mort d'un très-grand nombre de personnes, ne sont pas dues au feu grisou comme on le pense assez généralement, mais à une immense quantité de gaz composant l'air, attirés dans ces endroits profonds à l'abri du froid que l'on éprouve sur la terre dans les temps humides, ainsi que par la chaleur qu'y répand la très-grande quantité des lampes servant aux travailleurs.

Ces gaz s'étant fixés aux parois des murs non exposés au grand courant de l'air, s'y concentrent, forment un salpêtre, et font explosion lorsque d'autres gaz non fixés, mais assez concentrés pour s'enflammer, sont exposés à l'approche d'une lampe laissée par imprudence non fermée : ils causent en même temps l'asphyxie des travailleurs comme la causent les gaz composant l'atmosphère, devenus inflammables dans les grandes sécheresses et chaleurs, aux personnes surprises dans les champs par un orage et qui se mettent à l'abri de la pluie derrière de gros arbres ou une meule de blé ou toute autre proéminence. Les gaz s'y plaçant de même peuvent être détruits par un éclair, passant très-proche de la terre.

On voit souvent après une journée de grande

chaleur de très-fréquents éclairs sans détonations, causés par une très-grande quantité de petites réunions de gaz qui achèvent de se concentrer, et s'enflamment ensuite par la chaleur qu'elles éprouvent de la combustion des gaz servant à l'entretien des planètes et des étoiles :

Et l'humidité abandonnée par ces gaz détruits, recueillie par une très-grande quantité d'autres gaz déjà fortement concentrés qui reforment de nouvelles réunions, lesquelles, achevant de se concentrer, s'enflamment, font explosion et produisent un orage.

Toutes les réunions de gaz attirés par la forte chaleur du soleil, venant dans le même moment de diverses directions avec une énorme vitesse, produisent des vents tourbillonnants ou des tempêtes, qui s'abaissent sur la terre et les mers, occasionnant des sinistres toujours préjudiciables au genre humain.

Après de longues gelées, les gaz étant concentrés et continuant de recevoir la forte chaleur du soleil, se portent en immense quantité avec une extrême vitesse dans les contrées où il existe de l'humidité, entraînant sur leur passage une autre immense quantité d'autres gaz répandus dans l'espace, menacés comme eux de perdre leurs qualités gazeuses par la concentration, en produisant un ouragan.

Quelquefois dans les orages, une partie de l'eau se trouve transformée en glace, par une immense quantité de gaz non inflammables qui, recevant une très-forte chaleur du soleil s'emparent de cette humidité qui leur rend leur froid naturel, à l'aide duquel ils la congèlent.

La force de l'air comprimé n'est due qu'à la très-grande quantité des gaz dont il est composé, attirés en très-grand nombre, concentrés à l'aide d'une très-forte chaleur continue.

La force attribuée à la vapeur provient des gaz que contiennent les eaux employées pour mettre en œuvre ces machines, et qui se trouvent concentrés par la très-forte chaleur continue.

Ils produiraient même une explosion, s'ils n'éprouvaient aucune déperdition de leur force impulsive en produisant la force motrice, ou par la soupape de sûreté dont est pourvue chacune de ces machines.

On reconnaît que la chaleur imprime le mouvement aux gaz composant l'air, en plaçant un petit moulin en papier près du tuyau en tôle d'un poêle établi dans une chambre fermée hermétiquement. Les gaz qui se trouvent aux extrémités de la place, nantis de leur froid naturel sont attirés par la chaleur, qui en continuant devient trop forte et les oblige à s'éloigner rapidement mettant en action le petit moulin.

Les gaz composant l'air s'introduisent dans les appartements que nous habitons, attirés par la chaleur pendant les temps froids, et en été pour s'éloigner de la chaleur atmosphérique.

Ils s'introduisent aussi par de très-minimes issues dans les vases où sont déposés nos aliments, pour s'emparer de leur chaleur humide, et ils les acidifient par les principes de salpêtre dont ils sont nantis, principalement dans les grandes chaleurs où ils en possèdent davantage.

Dans les celliers ou bas celliers dans lesquels on expose des boissons pour être converties en vinaigre, les gaz que contient l'humidité dans ces endroits sont absorbés par ces boissons, constamment pourvues d'une douce chaleur à l'aide de poêles de feu.

Les personnes qui préparent ou fabriquent ces vinaigres, savent qu'elles pourraient abréger le temps qu'elles emploient à faire cette opération, en employant une faible partie de salpêtre lequel est le produit des gaz non inflammables dont l'air est composé.

On peut reconnaître dans les opérations de teinture que les gaz composant l'air recherchent la chaude humidité par l'immense quantité qui est attirée et qui se trouve absorbée par les étoffes sortant et rentrant dans les bains qui servent à teindre lesquels sont toujours maintenus en ébullition. Car c'est en raison de leur nombre et de leur concentration que l'on obtient l'uni et la fixité des couleurs, et, par le froid naturel qu'ils obtiennent de l'humidité, ils procurent l'avantage de pouvoir tenir ces étoffes à leur sortie des bains de teinture sans danger de se brûler.

On voit aussi que la chaleur fait naître des gaz de tous les liquides, ou des diverses sortes d'humidité, en plaçant dans une cave profonde des vins pour qu'ils deviennent mousseux.

Les gaz que contient l'humidité nantis de leur froid naturel empêchent ceux que contiennent les vins de se développer, et, si l'on remonte les vins dans une cave supérieure ou si l'on brûle quelques bottes de paille, la mousse se produit, et même si la chaleur devenait trop forte le verre ne pourrait résister à la force des gaz développés et le vin se perdrait.

On ne peut ignorer que ce sont les gaz composant l'air qui, en recevant la chaleur plus ou moins forte du soleil, produisent le vent, les orages, les ouragans, les éruptions dans les mines de charbon, celles des sables et des volcans : quand on sait que ces mêmes gaz recueillis par des terres nanties d'humidité et longtemps exposées à une chaleur naturelle, ou artificielle, qui, étant léssiveés, produisent le salpêtre, auquel il suffit d'ajouter un peu de soufre et du charbon en remplacement de ces mêmes matières restées en dissolution dans les lessives, afin de le rendre inflammable et produire de la poudre ; de laquelle une petite partie, mise dans le canon d'un fusil et un peu plus dans un canon, chasse avec une force irrésistible le plomb ou le fer meurtrier. Les gaz dont la poudre était composée s'éloignent rapidement du feu qui les consume.

La plus grande partie des pronostics, inventés et entretenus par des personnes intéressées à élever le prix des productions de la terre, ne peuvent être acceptés sérieusement, les pluies, les orages, la grêle, les vents, les ouragans, la neige et la gelée étant tous accidentels, ainsi qu'il est démontré dans les observations précédentes ; c'est en raison du plus ou moins grand éloignement du soleil, des nuages plus ou moins considérables, et encore de la plus ou moins grande élévation du soleil, ou de son grand rapprochement de la terre.

Aisément on conçoit l'énorme quantité de lumière et l'immense quantité de chaleur, que peut répandre sur les gaz composant notre atmosphère, un bec de gaz représentant le soleil de huit kilomètres de diamètre environ.

En été, après de longues sécheresses qui amènent toujours les chaleurs, à un temps bien calme succède un ouragan. Les gaz non inflammables fortement concentrés continuant à recevoir la forte chaleur du soleil, se trouvant forcés de s'éloigner avec une extrême impétuosité pour éviter leur entière concentration, vont planer sur la surface des eaux en causant de grands malheurs : et s'étant chargés d'humidité qui leur rend leur froid naturel, ils s'élèvent dans la voûte céleste et reforment de nouveaux nuages, dont l'humidité est absorbée par une immense quantité de gaz répandus dans l'espace, qui achevant de se concentrer s'enflamment et font explosion, produisant un orage, lequel peut détruire une immense quantité de gaz huileux et minéraux, servant à l'entretien du soleil, le privant de pouvoir détruire promptement l'humidité répandue sur la terre, occasionnant les pluies fréquentes pendant plusieurs jours, et quelquefois même pendant plusieurs semaines. Et même les gaz que contient l'humidité, refroidissant considérablement notre atmosphère ainsi que les terres, arrêtent la végétation des plantes, et nuisent en même temps à la bonne rentrée des récoltes.

En 1816, plusieurs forts orages s'étant succédé et ayant détruit une immense quantité des gaz servant à l'entretien du soleil, les pluies durèrent très-longtemps et causèrent des inondations qui ont amené de grands malheurs, en détruisant une grande quantité de récoltes, d'usines, de maisons et faisant périr beaucoup de personnes. Une forte quantité des grains étaient germés, et le pain a valu jusqu'à 1 fr. 20 c. le kilogramme.

Nous avons éprouvé à des époques plus récentes les mêmes difficultés pour la rentrée des moissons, et les inondations provenaient de la même cause.

En 1846, une forte gelée blanche survenue au commencement du mois de mai, fit périr une grande quantité de seigle en fleur, et, les sécheresses qui ont suivi ayant nui à la bonne croissance des grains, leurs prix se sont élevés considérablement. Et celui du pain s'est élevé en 1847, à 80 centimes le kilogramme.

En l'année 1867, plusieurs orages survenus en avril et au commencement de mai, ayant détruit une très grande quantité de gaz huileux et minéraux, qui eussent servi à l'entretien du soleil, lequel ne put détruire promptement l'humidité répandue sur la terre, les pluies durèrent plusieurs semaines et ramenèrent un froid très-sensible, nuisant à la végétation des plantes. Il a même tombé de la neige le 20 et le 23 mai à Paris et dans plusieurs départements de la France, et il survint une forte gelée blanche le 25.

OBSERVATIONS

SUR

LA VÉGÉTATION ET LES SUBSTANCES NOURRISSANTES.

Toutes humidités quelles qu'elles soient possèdent des gaz conformes à leur provenance.

Et les terres étant humides, les gaz que contient l'humidité pénètrent dans les graines, pépins, noyaux, oignons, œilletons, tubercules, chevelure ou racines des plantes, se mêlent à leurs sucs et s'élèvent dans l'espace attirés par la chaleur atmosphérique lorsque la saison se présente, et produisent ensemblent la végétation.

Dans les serres, la chaleur fait naître des gaz de l'humidité des terres, et celles-ci par leur chaleur humide attirent les gaz composant l'air contenu dans le local, qui, les uns et les autres, pénètrent dans les graines et les racines des plantes, produisant pareillement la végétation.

Les herbages, les foins, les fleûrs, les légumes, les grains, les arbres et les fruits sont le produit des gaz mêlés aux sucs des plantes, et leurs qualités résultent d'une plus grande quantité des gaz recevant la chaleur du soleil, absorbés par les plantes, les grains, les légumes et les fruits pendant leur végétation.

Le riz, que l'on cultive dans des terres recouvertes de quelques centimètres d'eau, laquelle attire une grande quantité des gaz recevant la chaleur du soleil, et ensuite par la chaleur humide une autre quantité des gaz composant l'air froid, qui, les uns et les autres, sont absorbés par les racines des plantes, et produisent ensemble une abondante végétation, possède des qualités nourrissantes supérieures à celles du pain de froment dont nous nous nourrissons.

Les froments que l'on sème au commencement de l'automne possèdent des qualités plus nourrissantes que ceux semés en mars, parce que les plantes des premiers, pendant les cinq mois de leur plus long séjour en terre, se sont nourris en grande partie des gaz recevant la chaleur du soleil et ont acquis de la force pour absorber à nouveau une plus grande quantité de ces mêmes gaz, servant uniquement à former et nourrir les grains. Et les farines qui en proviennent possèdent même plus de blancheur que celles provenant des froments semés en mars.

Les farines de ces derniers sont même exclues de tous les marchés à fournir en raison de leurs qualités inférieures.

Il est reconnu par un très-grand nombre de personnes que les gaz recevant la chaleur du soleil communiquent la blancheur aux toiles que l'on expose dans une prairie, étant absorbés par l'humidité que ces toiles reçoivent des rosées, des pluies ou des arrosements.

Ce sont ces mêmes gaz qui donnent une si éclatante blancheur à la neige en même temps que son extrême légèreté, par leur très-grand nombre en s'emparant de l'humidité disséminée sous la voûte céleste, qui leur rend leur froid naturel à l'aide duquel ils la transforment en glace excessivement fine et légère.

La betterave obtenant dans sa végétation de très-larges feuilles qui conservent à la terre son humidité, laquelle attire une très-grande quantité des gaz recevant la chaleur du soleil, et par sa chaude humidité, une autre quantité des gaz composant l'air froid. Les uns et les autres s'unissant aux sucs de la plante, produisent ensemble une abondante végétation possédant des qualités très-sucrées.

La canne, de laquelle on retire le sucre, que

l'on cultive sous les tropiques dans des terres très-humides qui attirent une très-grande quantité des gaz recevant la chaleur du soleil, et par leur forte chaleur humide une très-grande quantité des gaz composant l'air froid. Les uns et les autres, s'unissant aux sucs de la plante, produisent ensemble une abondante végétation possédant des qualités excessivement sucrées.

Les animaux mangeant plus volontiers la superficie des herbages ou des foins que le bas de leurs tiges, font connaître par ce choix que les gaz mêlés au suc des plantes s'y trouvent en bien plus grande quantité.

On acquiert cette certitude en mettant des bœufs ou des vaches dans une prairie pendant quelques mois. Ces animaux ne mangent que la pointe des herbes, et obtiennent un aussi bon embonpoint de chair et de graisse que ceux qui sont nourris à l'étable avec des grains.

La viande est beaucoup plus nourrissante que le pain ou tout autre aliment, en raison de la très-grande quantité des gaz mêlés aux sucs des plantes ou des grains qui ont servi à nourrir les animaux, augmentés par la très-grande quantité des gaz composant l'air, constamment aspirés et absorbés par eux pendant leur existence.

Le bouillon obtenu de la viande réduit en plus petite quantité devient beaucoup plus nourrissant par la concentration des gaz mêlés aux sucs des plantes dont il est composé. Ces gaz ayant perdu une forte partie de leurs qualités bénignes, cela nécessite un plus long laps de temps pour aspirer et absorber une plus grande quantité des gaz composant l'air, afin de leur rendre l'élasticité et les entraîner dans nos vaisseaux sanguins.

Le rôti fait à la broche est préféré à cause des gaz de l'air absorbés pendant tout le temps de la cuisson.

Le pain, pendant sa manipulation, son séjour au chaud, et sortant du four, attire par la chaleur humide dans son intérieur les gaz composant l'air, qui le raffermissent, le refroidissent et augmentent ses qualités nourrissantes, et son poids.

Nota. Les gaz composant l'air étant froids de leur nature, recherchant la chaude humidité, s'introduisent dans la pâte, la soulèvent, comme ils gonflent le ballon que l'on lance dans l'espace, et augmentent sa pesanteur en raison de leur grand nombre : et si la pâte subissait le froid, le pain serait moins volumineux, moins nourrissant et pèserait moins.

Personne n'ignore qu'un faible morceau de

pain rassis équivaut à un plus gros volume de pain tendre.

Un pain trop cuit étant mis sortant du four, dans une cave ou dans un endroit humide pendant quelques heures, attire par sa chaleur les gaz que contient l'humidité, qui la déposent sur sa superficie, le rendant plus souple, et pénétrant dans son intérieur, le raffermissent, le rendent plus agréable à manger et plus nourrissant.

Le pain trop peu manipulé dans sa confection, par la plus grande partie des ménagères, est toujours pesant et peu digestif.

Et très-souvent, dans les campagnes, on se sert de trop vieux levains qui donnent au pain un goût sur et désagréable, qui empêche beaucoup de personnes de pouvoir en manger.

Le pain étant l'aliment le plus indispensable à la nourriture des humains, on devrait s'attacher à le confectionner avec soin.

Manipulant plus longtemps la pâte chaude et humide, elle attirerait davantage de gaz dont l'air est composé qui le rendraient plus volumineux et en même temps plus nourrissant.

Et renouvelant le levain deux fois au lieu d'une, il serait sans dégoût et plus parfait.

La pâtisserie feuilletée si légère et si agréable

à manger , doit ses qualités à la grande quantité des gaz composant l'air, attirés et absorbés par la pâte chaude et humide pendant tout le temps employé à la manipulation ; et aussi pendant que la bouche du four est restée ouverte.

La fumée de la poudre, qui est le produit des gaz recevant la chaleur du soleil, détruite sur le champ de bataille et aspirée par les combattants, leur donne encore des forces et anime leur courage.

La concentration que les gaz acquièrent pendant les chaleurs de l'été les rend plus nourrissants que dans les autres saisons, et nous dispense de manger autant. Mais les principes de salpêtre dont ils sont nantis dans ces instants, nous sèchent le gorge et la bouche, et nous obligent à boire beaucoup plus. Je dois dire aussi que toutes les boissons dont nous faisons usage sans en excepté l'eau, contiennent des gaz qui sont par eux-mêmes nourrissants.

Les gaz composant l'air, attirés par la chaleur humide de notre intérieur, s'introduisent dans notre bouche et se font aspirer; puis, se mêlant aux aliments qui se trouvent dans notre estomac, ils en procurent la digestion en s'emparant de leurs sucs et se transportant dans nos vaisseaux sanguins, où ils se transforment en sang : circulent ensuite dans nos veines et artères ainsi que dans toutes les sinuosités de notre corps, ranimant nos forces épuisées et nous procurant l'embonpoint en déposant sur nos chairs une partie de leurs sucs.

Les personnes qui circulent ou travaillent au grand air ainsi que celles qui demeurent sur les montagnes, absorbant une grande quantité des gaz composant l'air, obtiennent une bien meilleure digestion que celles qui demeurent trop renfermées. Elles peuvent même faire usage d'un peu plus d'aliments à l'aide desquels elles obtiendraient plus de forces physiques.

On peut facilement reconnaître que les gaz composent notre sang en le faisant varier d'une manière tout à fait semblable. Il suffit de mettre les pieds dans l'eau échauffée à pouvoir l'endurer pour se guérir instantanément d'un violent mal de tête, les gaz composant notre sang se trouvant attirés par la chaleur humide dans les parties basses de notre corps.

On fait pareillement varier le sang qui séjourne en trop grande quantité à la tête ou sur l'estomac, en apposant des sinapismes aux jambes ou aux pieds, afin de l'attirer vers ces endroits.

Faisant une friction à sec sur une partie quelconque de notre corps, l'échauffement qu'elle produit attire le sang, et peut produire une tumeur qui nécessiterait l'emploi des cataplasmes, afin que les gaz dont est composé notre sang formant la tumeur, s'emparent de la chaude humidité qui leur rend leur froid naturel et les force à s'éloigner ensuite en recherchant les parties chaudes.

Le sang s'éloigne totalement d'une plaie sur laquelle on laisse séjourner les cataplasmes refroidis, et les chairs n'étant plus vivifiées ni nourries par lui, cela nécessite quelques fois l'emploi de remèdes très-violents.

Un de nos membres se trouvant pris du froid devient momentanément paralysé, parce que les gaz qui composent notre sang, comme ceux composant l'air, s'éloignent rapidement du froid pour rechercher les parties chaudes.

Après avoir marché par la grande chaleur, si, la chemise et le gilet de flanelle que nous portons se trouvant mouillés par la sueur, nous ne changeons immédiatement de linge, les gaz dont l'air est composé s'emparent de cette chaude humidité qui leur rend leur froid naturel, et nous causent des maladies plus ou moins graves que nous attribuons à une sueur rentrée.

OBSERVATIONS

SUR

LA LUNE.

Selon le citoyen Copernic, la lune serait éloignée de la terre de 8,740 myriamètres.

Sa circonférence un peu plus du quart de celle de la terre.

Sa lumière serait due à la réfraction de celle que nous recevons du soleil.

Et les marées plus particulièrement dues à son influence qu'à celle du soleil.

Sa vitesse de 396 à 424 lieues par minute.

On ne peut savoir son éloignement de la terre sans connaître à l'avance sa circonférence pour juger sa distance par la diminution apparente à nos yeux de l'étendue de son disque de lumière.

De même que pour connaître sa circonférence, il faudrait savoir son éloignement de la terre, et ajouter, par chaque lieue de distance, 360 centimètres que perd un disque de lumière ayant

4 mètres de diamètre, placé à une lieue de distance.

Toutefois on doit juger son éloignement de la terre beaucoup moins considérable que celui du soleil qu'elle éclipse, lorsque ces astres se rencontrent ; et le soleil n'étant éloigné de la terre, dans les plus grands jours, que 2,340 lieues environ.

DE SA LUMIÈRE.

Sa lumière pendant le premier quartier est semblable à celle que nous recevons du soleil, parce qu'elle consume, comme lui, poúr son entretien des gaz huileux et minéraux. Et elle devient argentée pendant les trois autres quarts de sa durée, par le mélange d'une partie de gaz bleu ciel avec les gaz huileux et minéraux; les premiers résultant de la combustion des derniers produite par le soleil pour son entretien, à cause de l'alcali provenant de leur destruction, avec l'oxyde de cuivre et de fer qu'ils contenaient, formant ensemble un prussiate d'alcali donnant une couleur bleue.

Le gaz portatif est non coloré parce qu'il n'est produit que par la combustion des boues d'huiles, ou des matières grasses.

Un grand nombre de personnes disent avoir aperçu des cavernes ou des rochers dans l'étendue du disque de lumière de la lune.

Cette erreur a pu être causée par des petits nuages chargés d'humidité, attirés devant elle par la chaleur qu'elle répand et trop éloignés pour être consumés, ou bien par un ou par plusieurs écartements entre les gaz qu'elle consume, ne laissant apparaître aucune lacune à sa circonférence.

SES PHASES.

La lune étant toujours le même astre (1), reparaissant nouvelle, se trouve après le soleil, lequel attire par sa chaleur de l'horizon les gaz qui, en passant avec rapidité, éliminent son côté droit et la forment en croissant.

Et le retard de trois quarts d'heure qu'elle met tous les jours à son lever, l'éloignant de plus en plus du soleil, les gaz attirés par lui de beaucoup plus loin, passant en moins grand nombre et moins rapidement, favorisent son accroissement jusqu'à son plein.

(1) NOTA. Il est impossible de croire que le Créateur se soit obligé de créer un nouvel astre tous les 29 jours 1/2; plusieurs siècles étant parfois nécessaires à sa création.

Ensuite le soleil, se levant avant que la lune disparaisse de l'horizon ouest, attire de cet horizon les gaz qui en passant rapidement éliminent son côté gauche, et la forment en croissant de la même manière et de plus en plus jusqu'à son dernier jour visible.

DES MARÉES.

On les attribue plus particulièrement au pouvoir de la lune, parce qu'elles retardent comme elle de trois quarts d'heure tous les jours, malgré qu'elles n'aient pas lieu au moment de son lever lorsqu'elle est à fleur des eaux, mais trois heures après quand elle s'est élevée dans la voûte céleste, ce qui prouve qu'elles ne sont pas dues à son influence.

Leur retard doit être attribué à l'immense quantité des gaz chargés d'humidité que la lune attire par sa chaleur. Cette humidité absorbée par les gaz non inflammables, formant des courants lorsqu'ils reçoivent la chaleur, détruit entièrement leurs forces, et ce n'est que trois heures plus tard, lorsqu'elle s'est élevée dans la voûte céleste, que les courants de gaz se reforment, et, refoulant la surface des eaux, produisent les marées montantes.

Et les courants formés par les gaz s'élevant en même temps que le soleil dans la voûte céleste laissent la facilité aux eaux de se niveler d'elles-mêmes, en produisant les marées descendantes.

Les marées sont plus fortes lorsque la lune, étant toujours le même astre, reparaît nouvelle, parce que le soleil l'a devancée et s'est éloigné d'elle pendant 2 jours et que les gaz qui reçoivent sa chaleur ne rencontrant pas d'humidité, jouissent de toutes leurs forces impulsives.

Elles sont également plus fortes, lorsque la lune est pleine, parce qu'elle s'élève plus directement dans la voûte céleste, et que les gaz chargés d'humidité qu'elle attire près d'elle se trouvant également plus élevés, ne peuvent nuire à la force des courants passant à fleur des eaux.

DES ÉCLIPSES DE LUNE.

Attribuant la lumière de la lune à la réfraction de celle que nous recevons du soleil, quelques personnes croient que la terre, en exécutant son mouvement de rotation, intercepte la lumière de la lune lorsque ces astres se rencontrent.

Mais c'est lorsque le soleil a dépassé la montagne formant le nord, attirant par sa chaleur une partie des gaz que la lune traîne derrière elle, lesquels en passant éliminent simultanément son disque de lumière pendant que ces astres se croisent.

DES ÉCLIPSES DE SOLEIL.

Elles sont causées par l'immense quantité de gaz chargés d'humidité que la lune traîne à sa suite, lesquels interceptent simultanément, partiellement ou entièrement, la lumière du soleil, lorsque ces astres se rencontrent.

En raison de l'abaissement de la voûte céleste près le coucher du soleil, de sa moindre élévation ainsi que de son retard de 3/4 d'heure dans un jour, et même du moins de chaleur qu'elle répand, ce qui l'empêche de détruire aussi promptement l'humidité des gaz qu'elle consume, sa vitesse n'est tout au plus que de deux lieues environ par minute.

OBSERVATIONS

SUR

LES PLANÈTES.

La planète Mercure est placée par le citoyen Copernic à 4,796 myriamètres du soleil, lequel, selon lui, est à 38 millions de lieues de la terre.

Son diamètre serait de 48,460 myriamètres environ, et elle tournerait sur son axe en vingt-quatre heures cinq minutes, avec une vitesse d'environ 16,100 myriamètres par heure, ou 470 lieues 5/6 par minute.

La planète Vénus aurait un diamètre de 1,254 myriamètres. Si la terre était divisée en soixante-six parties, elle en aurait soixante-cinq. Sa distance moyenne du soleil est environ de 11,000,009 myriamètres, plus du double de celle de Mercure. Et la vitesse avec laquelle elle se meut dans son orbite d'environ 1,105 myriamètres par heure, ou 46 lieues environ par minute.

Dans sa plus grande étendue son diamètre est de 61 degrés, dans sa plus petite de 17 degrés. En moyenne 39 degrés.

La planète Mars aurait un diamètre de 474 myriamètres. Sa grosseur serait du septième de la terre, et elle en serait éloignés de 91 millions de lieues.

Et sa vitesse de 8,533 myriamètres par heure ou 355 lieues 1/2 par minute.

La planète Jupiter aurait dans son plus grand diamètre 1,433 myriamètres.

Dans son plus petit 1,364. Différence 9,640 myriamètres.

Sa rapidité 2,025 myriamètres par heure, ou 840 lieues 1/3 par minute.

Sa révolution donne à une tache quelconque, à une partie protubérante de sa surface une rapidité de 4,186 myriamètres par heure. Ce qui est à peu près vingt-cinq fois celle de la terre.

Sa distance moyenne serait de 78,890 myriamètres.

La planète Saturne ferait sa révolution autour du soleil, dans son orbite à la distance moyenne d'environ 144 millions de myriamètres, ou neuf fois la distance de la terre au soleil.

Son diamètre dix fois environ celui de la terre,

et sa vitesse d'environ 3,381 myriamètres par heure.

La planète Uranus serait à l'énorme distance du soleil de 880,800,000 myriamètres, plus de dix-neuf fois aussi éloignée qu'en est la terre.

Son diamètre est d'environ 374 myriamètres, quatre-vingts fois celui de la terre.

Selon le citoyen Copernic, leur lumière proviendrait de la réfraction de celle du soleil, et elles seraient toutes habitées.

OBSERVATIONS

EN

RÉPONSE AUX PRÉCÉDENTES.

Ces astres sont placés par gradation dans la voûte céleste, et l'on ne peut apprécier leur circonférence sans connaître leur éloignement de la terre, et ajouter par chaque lieue 180 centimètres que perd un disque de lumière de deux mètres de diamètre, placé à une lieue de distance.

Comme il faudrait aussi connaître à l'avance leur circonférence pour juger de leur éloignement par la diminution de leur étendue.

Ces astres à l'approche du soleil sont refoulés dans la voûte céleste en même temps que les gaz servant à leur entretien, avec une extrême vitesse par les gaz non inflammables recevant la forte chaleur du soleil, et redescendent avec les gaz qu'ils consument après l'éloignement et le coucher du soleil, sans avoir décrit entièrement la circonférence du globe et, conservant chaque jour une élévation de 9 lieues de plus que la veille, pendant les six mois du 22 décembre au 22 juin, et s'abaissant de 9 lieues chaque jour en plus que la veille, pendant les six mois du 22 juin au 22 décembre.

Les diverses nuances de lumière qu'ils reflètent proviennent de la combustion pour leur entretien des gaz huileux et minéraux, mélangés avec une partie plus ou moins considérable des gaz bleu ciel.

Les moins élevés de ces astres rencontrant moins des derniers reflètent une lumière semblable à celle du soleil.

Les planètes Mercure et Vénus éprouvent des phases à peu près semblables à celles qu'éprouve la lune provenant des mêmes causes.

Le soleil, après avoir éloigné ces astres, attirant vers lui de l'horizon est les gaz qui, en passant avec rapidité, éliminent leur côté droit et les forment en croissant.

Aucune de ces planètes n'est habitée et ne pourrait l'être, sans être immuable et composée comme est la terre que nous habitons.

OBSERVATIONS

SUR

LES ÉTOILES ET LES COMÈTES.

La vive lumière que ces astres répandent n'est pas due à la réfraction de celle du soleil, comme le pensent quelques personnes, mais aux gaz bleu ciel résultant de la combustion des gaz huileux et minéraux produite par le soleil pour son entretien, et encore par ces derniers gaz consumés par la lune et les planètes, mélangés avec les gaz bleu ciel pour leur entretien.

Ces gaz ainsi que les étoiles sont refoulés dans la voûte céleste, étant placés par gradation au-dessus de toutes les contrées de la terre, par les gaz non inflammables recevant la chaleur du soleil.

Ces astres redescendent avec les gaz qui servent à leur entretien, conservant leur distance réciproque après l'éloignement et le coucher du soleil, et deviennent visibles en bien plus grand nombre, paraissant très-rapprochés les uns des autres quoique étant très-distancés.

Un certain nombre de ces astres nous apparaissent beaucoup plus petits, en raison de leur plus grand éloignement de la terre.

Ils se rapprochent tous de la terre comme les planètes de 9 lieues environ, chaque jour, pendant les six mois du 22 juin au 22 décembre, et nous apparaissent dans ce moment d'une plus grande étendue.

Et dans leur abaissement après le coucher du soleil, pendant les six mois du 22 décembre au 22 juin, ils conservent chaque jour une élévation de 9 lieues de plus que la veille.

DES ÉTOILES FILANTES.

Du 10 au 15 août, le soleil et notre atmosphère s'étant abaissés de 500 lieues environ, les gaz bleu ciel servant à l'entretien des étoiles se portent dans leur abaissement plus volontiers vers l'horizon sud, qui possède toujours plus de chaleur que les autres horizons.

Alors une ou plusieurs étoiles trop rapprochées des autres ne rencontrent plus assez d'éléments nécessaires à leur entretien ; elles se portent vers cet horizon enflammant les gaz qui se trouvent sur leur passage.

Vers le 10 novembre le soleil et notre atmosphère s'étant encore abaissés de 700 lieues environ, d'autres étoiles se trouvant privées pareillement d'une forte partie des éléments nécessaires à leur entretien se portent de même vers l'horizon sud.

DES COMÈTES.

Ces astres n'apparaissent que dans les années où de longues sécheresses et de grandes chaleurs rendent les gaz composant notre atmosphère très-inflammables, et si une étoile très-rapprochée de l'horizon sud-ouest ou ouest communique le feu aux gaz huileux et minéraux dans des directions différentes, produisant des lames de feu qui par notre éloignement nous apparaissent très-rapprochées les unes des autres, quoique étant très-distancées.

TABLE DES MATIÈRES.

PREMIÈRE PARTIE.

DEUXIÈME PARTIE.

Paris. — Imp. P. Dupont, et Cie, rue Jean-Jacques-Rousseau 41.

www.ingramcontent.com/pod-product-compliance
Ingram Content Group UK Ltd.
Pitfield, Milton Keynes, MK11 3LW, UK
UKHW021039230726
13926UKWH00004B/1566

9 782013 619196